Elfi Fritsche / Johanna Putzer / Josef Putzer

Technik in den Alpen

Bergstation der Wildspitzbahn (A)

Elfi Fritsche / Johanna Putzer / Josef Putzer

TECHNIK IN DEN ALPEN

Von Seilbahnen, Staudämmen und Schneekanonen

Folio Verlag

Herausgegeben mit freundlicher Unterstützung von:
Abteilung Deutsche Kultur der Autonomen Provinz Bozen – Südtirol über das Südtiroler Kulturinstitut
Autonome Region Trentino-Südtirol
Stiftung Südtiroler Sparkasse

AUTONOME PROVINZ BOZEN SÜDTIROL – PROVINCIA AUTONOMA DI BOLZANO ALTO ADIGE
Deutsche Kultur

REGIONE AUTONOMA TRENTINO-ALTO ADIGE
AUTONOME REGION TRENTINO-SÜDTIROL
REGION AUTONÓMA TRENTIN-SÜDTIROL

gefördert von Stiftung Südtiroler Sparkasse

Dieses Buch wäre ohne die Hilfe vieler Menschen nicht zustande gekommen. Ihnen allen gilt ein besonderer Dank.
Michael Bacher, Otto Bachmann, Luca Chiartano, Günther Denoth, Stefan Dittmann, Omar Formaggioni, Sabine Fritzer, Willigis Gallmetzer, Katharina Gilli, Herbert Graf, Manuel Groiß, Daniela Innerhofer, Henrik Ivdal, Mattias Ivdal, Felix Keitlinghaus, Manuela Kirchler, Volkmar Mair, Matteo Paterno, Patrizia Pircher, Annelies Putzer, Alexander Rabanser, Christina Ragettli, Julia Reichwein, Evelyn Reso, Marcel Rohner, Alois Stadler, Alexander Strauch, Siegfried Tutzer, Simone Umberto, Birgit Wohlgenannt.
AlpTransit Gotthard AG, Autonome Provinz Bozen – Südtirol: Abt. Tiefbau, Abt. Hochbau/ Amt für Geologie und Baustoffprüfung, Agentur für Bevölkerungsschutz/Wasserschutzbauten, Abt. Mobilität/Amt für Seilbahnen; Brenner-Basistunnel BBT SE, Doppelmayr Seilbahnen GmbH, Fatzer AG Wire Ropes, Grande Dixence SA, Herrenknecht AG, Leitner AG, Prinoth AG, TechnoAlpin AG, Touriseum – Südtiroler Landesmuseum für Tourismus, Verkehrsarchiv Tirol, Zillertaler Verkehrsbetriebe AG.

In gleicher Ausstattung bereits erschienen:

1. Auflage 2016

Lektorat: Joe Rabl, Innsbruck
Grafik und Umbruch: no.parking, Vicenza
Zeichnungen: Johanna Putzer, Göteborg
Druckvorbereitung: Typoplus, Frangart
Printed in Europe
ISBN 978-3-85256-710-5
www.folioverlag.com

Umschlagbilder: Funifor Alba–Col dei Rossi (I), Gotthard-Basistunnel (CH/I)

Inhalt

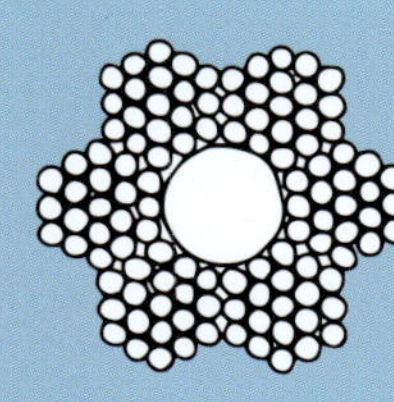

In der Mitte Europas

Eine besondere Landschaft

Die Alpen liegen zentral in Europa und sind das einzige europäische Gebirge mit Bergspitzen **über 4.000 Meter**. Das Bodenrelief ist sehr ausgeprägt mit steilen Berghängen und tiefen Tälern. Auch die Art der **Gesteine** und deren Schichtung sind sehr unterschiedlich und treten in vielen Formen auf. Dadurch entsteht eine sehr abwechslungsreiche Landschaft, die durch ein ebenso **reiches Pflanzenkleid** geprägt wird. Die Alpen haben nämlich auch ein sehr **differenziertes Klima**. Insgesamt fallen viele Niederschläge, die aber ungleich verteilt sind.

Blick von den Drei Zinnen auf den Misurinasee (I)

Die Alpen trennen und verbinden

Die Alpen sind eine wichtige **Wetter- und Wasserscheide**. Sie trennen den Mittelmeerraum vom atlantisch beeinflussten Mitteleuropa. Der 1.000 Kilometer lange Riegel in Ost-West-Richtung bildet eine Barriere, die das Wetter Europas massiv beeinflusst. Die Berge stauen kalte Nord- und warme Südwinde. Klimatisch besteht ein deutlicher Unterschied zwischen der Nordseite und der Südseite des Gebirges. Auch die Entwässerung folgt in drei Richtungen: zum Mittelmeer, zur Nordsee und zum Schwarzen Meer.

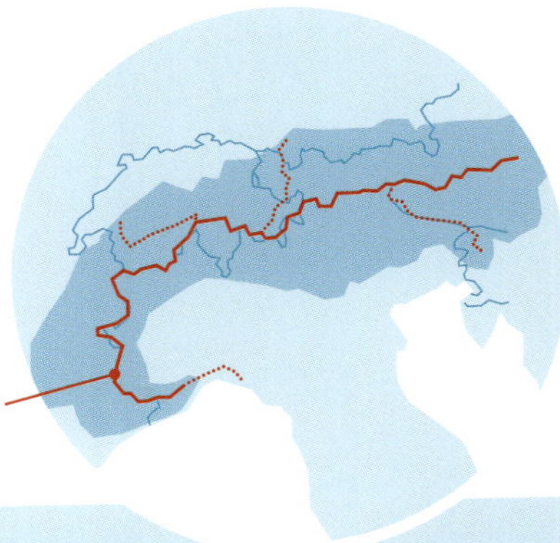

Europas Wasserscheide

Im frühen Mittelalter entwickelten sich die Alpen zur **Sprachgrenze** zwischen germanischen Sprachen im Norden und romanischen Sprachen im Süden und Westen. In der Abgeschiedenheit der Täler haben sich noch viele kleine Sprachgruppen erhalten. Die Sprachinseln zeigen die Spuren der vielen Völker, die hier durchgezogen sind oder sich niedergelassen haben. Die Alpen bilden für den **Verkehr** nach Italien ein **natürliches Hindernis**. Bis heute aber wirkt die Herausforderung, dieses Hindernis zu überwinden, auch völkerverbindend.

Ein zentraler Erholungsraum

Die Alpen liegen im Zentrum Europas in unmittelbarer Nähe städtischer Ballungsgebiete: im Süden die Großstädte der italienischen Po-Ebene und im Norden die Stadtregionen von München und Stuttgart.
Die abwechslungsreiche Alpenlandschaft stellt für viele Städter einen willkommenen **Naherholungsraum** dar. Für manche Wirtschaftszweige sind die Standorte in den Alpen ungünstig, weil sie schwer zugänglich sind. Der **Tourismus**, der in den Alpen im Sommer und im Winter Gäste anzieht, bildet für viele Menschen eine Lebensgrundlage. Im Alpenraum leben 13 Millionen Menschen, die touristische Beherbergung bietet 7,5 Millionen Gästebetten an.

Pardatschgrat, Ischgl (A)

Aussichtsplattform auf der Rigi (CH)

Alpine Technik?

Die Herausforderung, die Alpen zu besiedeln, hat technische Hilfsmittel, Bauten und Gerätschaften erfordert, die auch anderswo auf der Welt angewandt werden. Nur wenige technische Erfindungen sind hier gemacht worden. Wohl aber sind technische Einrichtungen, die für den bestehenden Lebensraum Alpen charakteristisch sind, wie Wasserkraftwerke und Seilbahnen, hier entwickelt und gebaut worden. Das vorliegende Buch gibt einen Überblick darüber.

Die Schauplätze

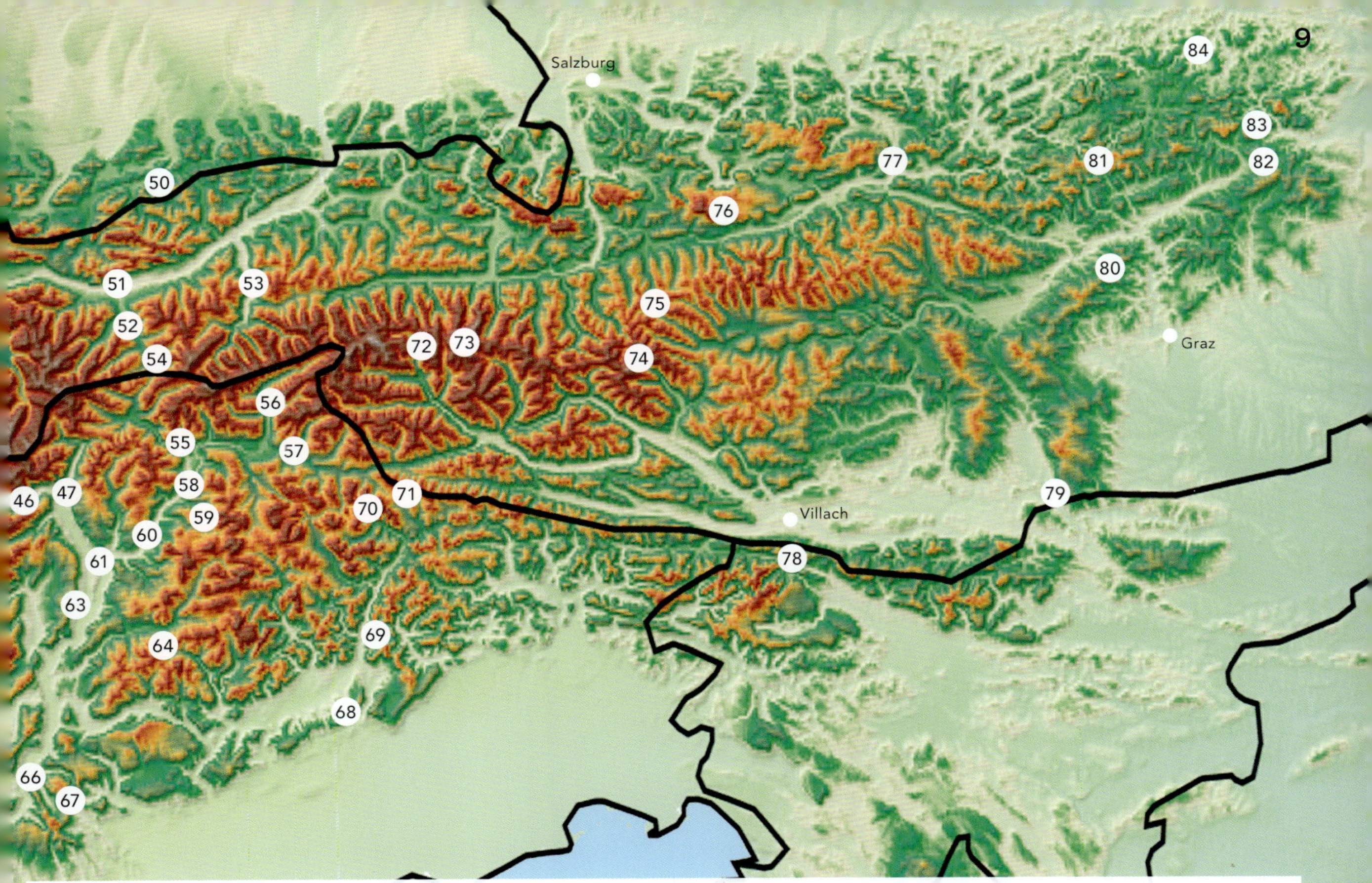

1 Tendabahn: S. 59
2 Lac de Serre-Ponçon (Stausee): S. 97
3 Briançon (Festung und Stadt): S. 88
4 Mont-Cenis-Bahn: S. 54, 55, 61
5 Valle d'Orco: S. 120
6 Festung Bard: S. 84–85
7 Mont-Blanc-Tunnel: S. 70
8 Pont de la Caille (Hängebrücke): S. 80
9 Chamonix (Gletscher): S. 123
10 Großer-Sankt-Bernhard-Tunnel: S. 70
11 Grande Dixence (Kraftwerk) / Lac des Dix (Stausee): S. 92–93, 102, 104
12 Gornergrat (Zahnradbahn): S. 62
13 Cingino-Stausee (Staumauer): S. 105
14 Simplontunnel: S. 57, 70
15 Lötschbergtunnel: S. 70
16 Ganterbrücke: S. 77
17 Schwyz–Stoos (Standseilbahn): S. 15
18 Gotthardpass (Tunnel, Eisenbahn, Route): S. 50, 54–55, 58–61, 63–66, 68, 70–72, 123
19 Wetterhorn: S. 122
20 Brienz (Murgang): S. 116
21 Triftbrücke: S. 83
22 Teufelsbrücke: S. 122
23 Pilatus (Bergbahnen): S. 14, 18
24 Stanserhorn (Seilbahn): S. 16
25 Oberdorf–Weissenstein (Seilbahn): S. 12
26 Zimmerbergtunnel: S. 70
27 Rigi (Zahnradbahn): S. 7, 12–13
28 Ceneri-Basistunnel: S. 50, 70
29 Valtellina-Bahn: S. 58
30 Brusio (Kehrschleife): S. 56, 63
31 Pontresina (Auffangdamm): S. 117
32 Landwasser-Viadukt: S. 52–53, 63
33 Solisbrücke: S. 81
34 Laax-Flims-Falera (Funpark): S. 41
35 Davos (Schlitten): S. 30–31
36 Salginatobelbrücke: S. 79
37 Silvretta-Hochalpenstraße: S. 49
38 Galtür (Lawinenkatastrophe, Schutzdamm): S. 113
39 Ischgl (Seilbahn, Gefahrenzonenplan): S. 7, 109
40 Arlberg (Eisenbahn, Tunnel): S. 54–55, 70
41 Sipplingen am Bodensee (Quellbecken): S. 95
42 Reschen (Straße, Stausee): S. 45, 125
43 Stilfser-Joch-Straße: S. 46, 90
44 Trafoi (Schutzgalerie): S. 124
45 Vinschgau (Waale): S. 96–97
46 Naturns (Wasserkraftwerk): S. 124
47 Hafling (Brücke): S. 118–119
48 Wildspitzbahn: S. 2, 10–11
49 Imst (Kulturlandschaft): S. 121
50 Walchensee (Wasserkraftwerk): S. 100
51 Hungerburg- und Hafelekarbahn: S. 20
52 Europabrücke: S. 78, 81
53 Zillertal (Eisenbahn): S. 63
54 Brennerpass (Straße, Eisenbahn, Tunnel): S. 43, 45, 50–51, 54–57, 60–61, 66–67, 70–71
55 Spinges (Kulturlandschaft): S. 121
56 Burg Taufers: S. 87
57 Rasen (Brücken): S. 74–75
58 Albeins (Brücke): S. 80
59 Villnöss (Natur-/Kulturlandschaft): S. 120
60 Atzwang (Autobahn, Brücke): S. 42–43, 76
61 Bozen (Seilbahn, Straße, Kraftwerk): S. 12, 13, 47, 101
62 Martelltal (Staumauer): S. 103
63 Tramin (Felssturz): S. 106–107
64 Cermis (Seilbahn): S. 21
65 Tremalzopass (Straße): S. 45
66 Rovereto (Lärmschutzwand): S. 125
67 Pasubio (Straße): S. 91
68 Passo San Boldo (Straße): S. 48
69 Vajont (Staumauer): S. 104, 105
70 Drei Zinnen: S. 6
71 Comelico Superiore (Bunker): S. 89
72 Felbertauerntunnel: S. 70
73 Großglockner-Hochalpenstraße: S. 45, 47, 49
74 Kölnbreinsperre (Skywalk, Stausee): S. 83, 126
75 Tauerntunnel: S. 70
76 Dachstein (Hängebrücke, Skywalk): S. 82, 122
77 Bosrucktunnel: S. 70
78 Karawankentunnel: S. 70
79 Lavamünd (Wasserkraftwerk): S. 101
80 Gleinalmtunnel: S. 70
81 Hochschwab (Quellgebiet): S. 94
82 Semmering (Eisenbahn, Tunnel): S. 13, 54–56, 62, 65, 70
83 Rax-Schneeberg (Quellgebiet): S. 94
84 Lilienfeld (Skibindung): S. 25

Seilbahn auf den Hinteren Brunnenkogel (Wildspitzbahn) (A)

BERGBAHNEN

BEQUEM ZUM GIPFEL

Anfang des 19. Jahrhunderts begannen Bergsteiger die höchsten Gipfel der Alpen zu erklimmen. Immer mehr Menschen kamen auf den Geschmack, die Schönheit der Bergwelt zu genießen. Kaum hatte die Eisenbahn den Verkehr in Europa zu revolutionieren begonnen, setzte sie in Form der Zahnradbahn auch schon zur Fahrt auf die Berggipfel an. Mit dem Aufkommen des Massentourismus im 20. Jahrhundert und vor allem mit dem Wintertourismus hat die Seilbahntechnik einen enormen Aufschwung genommen.

Von der Schiene zum Seil

1644 konstruierte Adam Wybe die erste funktionstüchtige Seilbahn. Es war eine Art Umlaufbahn, die für den Materialtransport beim Bau der Festung in Danzig eingesetzt wurde. Ein wegweisendes Ereignis war die Erfindung des **Stahl-Drahtseils**. Damit wurden die schwerfälligen, unsicheren Ketten, die für den Materialtransport im Bergbau verwendet wurden, abgelöst.
Das Eisenbahnnetz, das in der Zeit der industriellen Revolution im 19. Jahrhundert ausgebaut wurde, war die Grundlage für die spätere Eroberung der Bergwelt durch die Seilbahnen. Steigungen waren für die Eisenbahnen ein Problem. Der Antrieb mit einem **Zahnrad** auf einer zwischen den Schienen laufenden Zahnstange erlaubte es, viel größere Steigungen zu überwinden. Mit der Bahn auf die Rigi (CH) wurde 1871 die erste Zahnradbahn Europas eröffnet.

Für eine Erschließung der immer populärer werdenden Bergwelt war die Zahnradbahn aber zu träge. 1862 wurde in Lyon die erste **Standseilbahn** eröffnet. Mit einem Drahtseil wurden die auf Schienen fahrenden Wagen gezogen, was die Verwandtschaft mit der Eisenbahn deutlich macht.
Anfang des 20. Jahrhunderts wurden die ersten **Luftseilbahnen** eröffnet (Sevilla 1907, Bozen–Kohlern 1908). Damit entfiel die aufwendige, bodennahe Trassenführung, sodass in der Folge auch schroffe, hohe Berge erreicht werden konnten. Mit dem allgemeinen wirtschaftlichen Aufschwung in Europa nach dem Zweiten Weltkrieg entwickelten sich die Seilbahnen zum Verkehrsmittel, das die höchsten Gipfel quasi spielerisch erobert.

1644

Materialseilbahn Danzig (PL)

Die erste funktionstüchtige Seilbahn wurde für den Materialtransport beim Bau der Festung in Danzig eingesetzt. An einem endlosen Förderseil bewegten sich kontinuierlich kleine Behälter. Dies entsprach dem, was man heute eine Umlaufbahn nennt.

SPECIAL !?!

Die **Sesselbahn Oberdorf–Weissenstein** (CH) war eine kuppelbare Einseil-Umlaufbahn in zwei Abschnitten, die 1950 errichtet wurde und 2009 ihren Betrieb einstellte. Das Besondere daran war, dass die Sessel quer zur Fahrtrichtung am Seil hingen. Die Sessel mussten auf der Mittelstation manuell zur anderen Seilstrecke geschoben werden.

Standseilbahn Schlossberg Graz (A)

Die Kabinen der Standseilbahn laufen auf Schienen und werden von Seilen gezogen – ein Zwischending zwischen Eisenbahn und Seilbahn. Sie eignet sich für sehr steile, kurze Strecken und ist eine Vorläuferin der Pendelseilbahn.

Seilbahn Bozen–Kohlern (I)

Bei der Seilbahn wurden die bodengebundenen Schienen durch ein Tragseil ersetzt. Die erste Seilbahn in den Alpen hatte noch hölzerne Stützen. Die Kabinen mit sechs Plätzen waren in der abgetreppten Form noch den Standseilbahnen ähnlich.

Folge des Massentourismus

Mit dem aufkommenden Wintertourismus in den 1930er-Jahren wurden immer mehr Seilbahnen gebaut, um die Abfahrtshänge in den Bergen für jedermann schnell und bequem zugänglich zu machen.

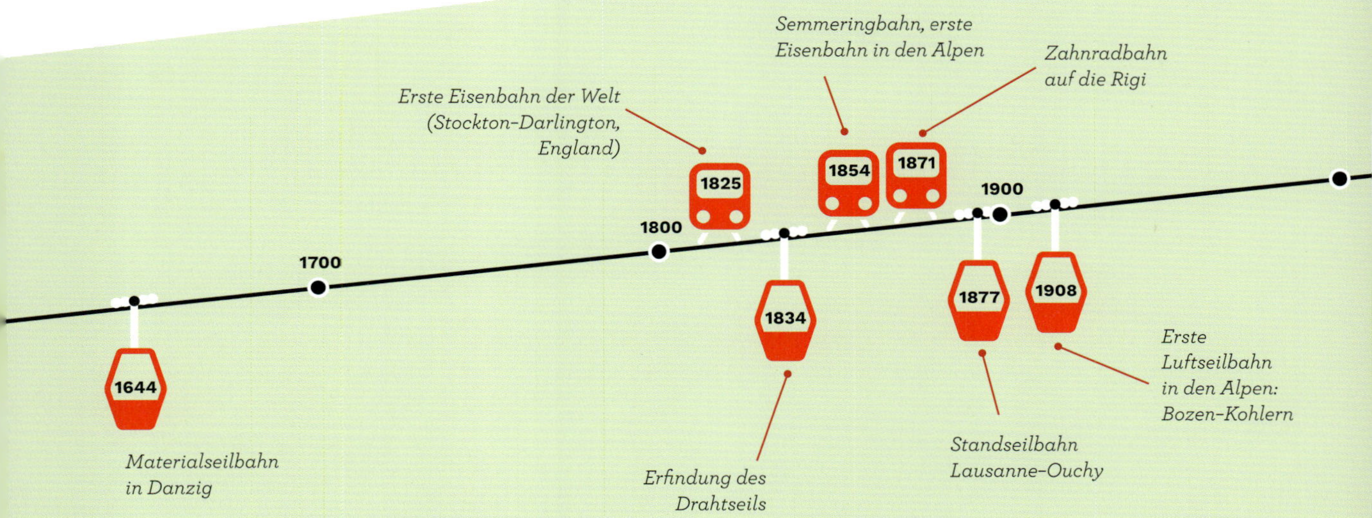

Mit einer maximalen Steigung von 48 % ist die Pilatus-Zahnradbahn (CH) die steilste der Welt. Das System Locher wurde speziell für diese Bahn und diese Steigung entwickelt.

Eisenbahn auf Steigung

Bei der Eisenbahn wird die Antriebskraft über die **Adhäsionsreibung** (Haft- und Gleitreibung) der Laufräder übertragen. Bei der Zahnradbahn erfolgt dies über ein **Zahnrad**, das in eine Zahnschiene eingreift. Dadurch können deutlich größere Steigungen gefahren werden, allerdings mit geringerer Geschwindigkeit. Es ist jedoch auch die Steigung begrenzt, einerseits durch den notwendigen Kraftaufwand, andererseits besteht das Risiko, dass das Zahnrad ausspringt.

Zahnradbahn-Systeme

Bei „reinen" Zahnradbahnen – meist nur bei kurzen, steilen Bergbahnen – ist der Zahnradantrieb ständig im Eingriff. Häufiger sind „gemischte" Bahnen, nämlich dort, wo nur einzelne Abschnitte der Bahnlinie starke Steigungen aufweisen. Dabei sind die Triebwagen mit einer Kombination von Adhäsions- und Zahnantrieb ausgestattet. Auf ebenen Streckenabschnitten wird der Zahnantrieb während der Fahrt von der Zahnstange genommen, somit kann schneller gefahren werden.

Steigungen bei Bergbahnen

Die Eisenbahnen in den Alpen wurden mit Steigungen von maximal 3 % gebaut. Dagegen wird die neue, auf Schienen geführte Standseilbahn von Schwyz nach Stoos (CH) eine Steigung von 110 % haben (100 % entsprechen einem Steigungswinkel von 45°).

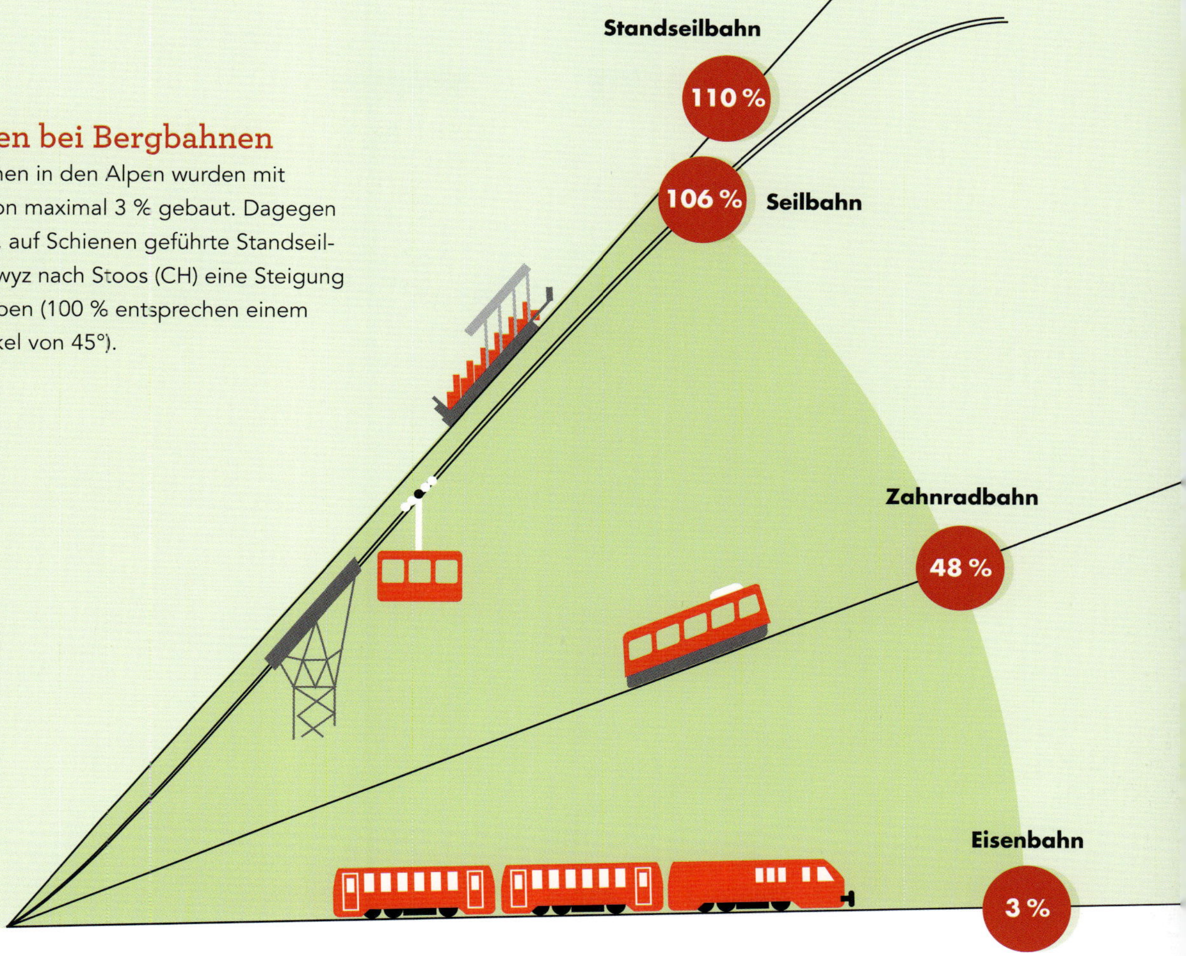

System Riggenbach

Bei dieser ältesten Technik der Zahnstange sind die Zähne, wie in einer Leiter, als Sprossen zwischen zwei U-förmigen Profilen eingesetzt.

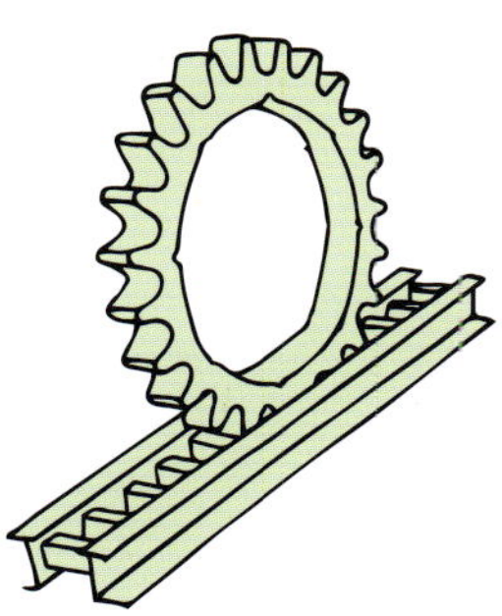

System Abt

Diese Zahnstange besteht aus zwei gegeneinander versetzten Zahnlamellen. Der Vorteil besteht in der gleichmäßigeren Kraftübertragung vom Zahnrad auf die Stange, da sich immer ein Zahn im Eingriff befindet.

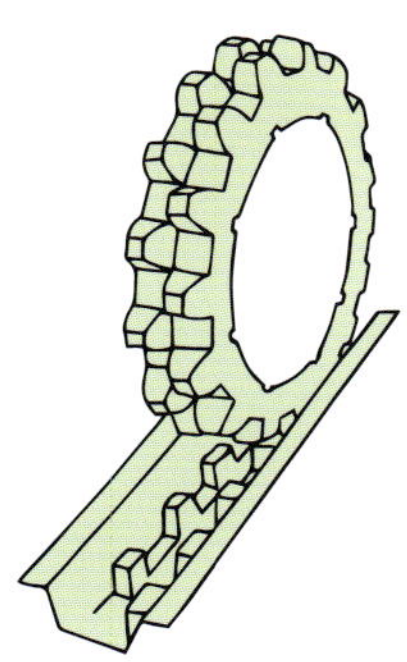

System Locher

Die horizontal laufenden Zahnräder greifen auf eine Doppelzahnstange mit beidseitiger Zahnreihe ein. Durch die waagrechte Krafteinwirkung wird bei diesem System das „Ausheben" aus dem Gleis verhindert.

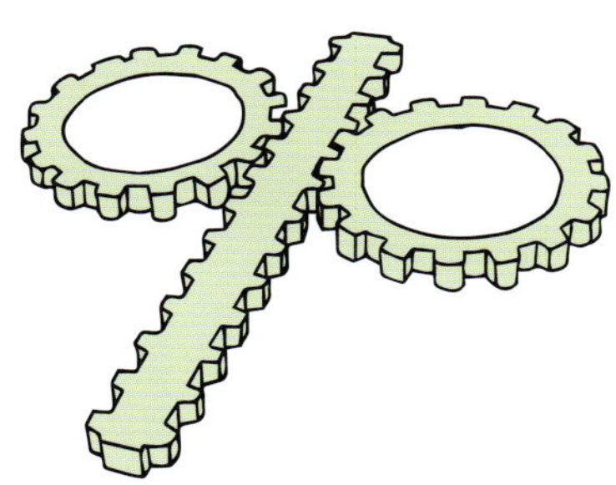

In die Lüfte schweben

Die Seilbahn in ihren verschiedenen Betriebsformen hat sich zum wichtigsten Verkehrsmittel zur Erschließung der Bergwelt entwickelt. Durch den Skisport entstand ein dichtes Netz an Aufstiegsanlagen rund um die Wintersportzentren in den Alpen. Aber auch für den Sommertourismus werden die Seilbahnanlagen zunehmend genutzt, das Erleben der hochalpinen Landschaft wird zum Event.

Die neuartige Cabrio-Pendelbahn auf das Stanserhorn (CH) hat doppelstöckige Kabinen mit offenem Oberdeck für insgesamt 60 Fahrgäste.

Seilbahn-Betriebssysteme

Pendelseilbahn

Die Fahrzeuge (Kabinen) werden auf zwei fixen, ruhenden Tragseilen mit Zugseil im Pendelbetrieb von der Tal- zur Bergstation auf und ab bewegt. Ein- und ausgestiegen wird bei stehenden Fahrzeugen.

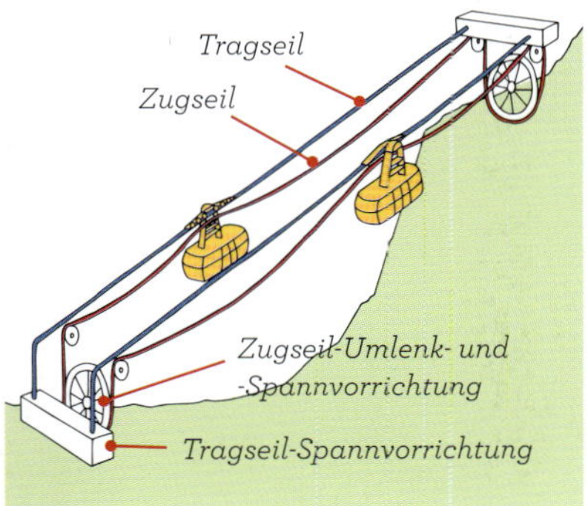

Standseilbahn

Die Standseilbahn gleicht im Betrieb der Pendelbahn, mit dem Unterschied, dass die beiden Tragseile durch Schienen ersetzt werden. Das Zugseil wird am Boden zwischen den Schienen geführt. Die Schienen sind auf ein Schienenpaar beschränkt, wobei die Kabinen in der Mitte des Laufes über eine Weiche aneinander vorbeigeführt werden.

Die kuppelbare Seilklemme

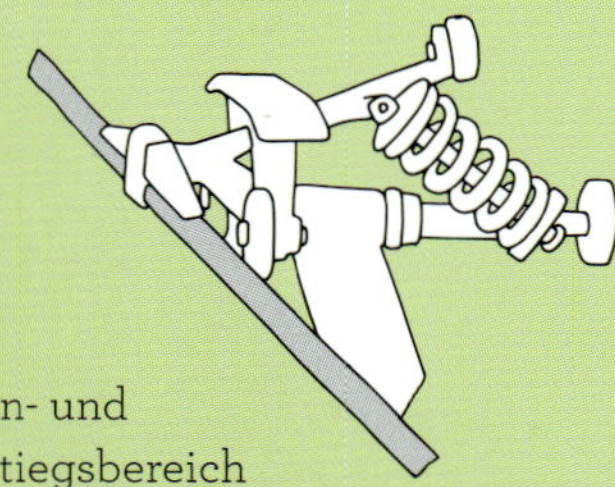

Bei den kuppelbaren Umlaufbahnen werden die Fahrzeuge nach der Stationseinfahrt vom umlaufenden Seil abgekuppelt. Dadurch ist es möglich, die Geschwindigkeit der Fahrzeuge für das Ein- und Aussteigen zu reduzieren. Nach dem Einstiegsbereich wird das Fahrzeug wieder auf die Bahngeschwindigkeit beschleunigt und an das Seil angekuppelt. Wesentliches Konstruktionselement ist die kuppelbare Klemme, die das Fahrzeug mit dem Seil verbindet. Dabei wird die Klemmkraft über ein **vorgespanntes Federsystem** auf das Seil übertragen. Bei der Stations-Ein- und -Ausfahrt durchfährt die Klemme eine Kuppelschiene, die die Klemme am Anfang vom Seil löst und am Ende wieder anschließt.

Einseilumlaufbahn

Das Tragseil ist zugleich Zugseil und bewegt die aufgeklemmten Fahrzeuge (Schleppteller, Sessel, Gondeln) rundum von der Tal- zur Bergstation. Bei der Version mit fix aufgeklemmten Fahrzeugen erfolgt der Ein- und Ausstieg bei voller Betriebsgeschwindigkeit. In der Version mit kuppelbaren Fahrzeugen werden diese in den Stationen abgeklemmt, zum Ein- und Aussteigen langsam bewegt und dann wieder auf das schnelle Umlaufseil aufgeklemmt.

Zweiseilumlaufbahn

Die Fahrzeuge (Sessel, Gondeln, Kabinen) werden mit Rollwagen auf fixen, ruhenden Tragseilen durch ein umlaufendes Zugseil bewegt. In den Stationen werden die Fahrzeuge zum Ein- oder Aussteigen auf ein langsam laufendes Fördersystem abgekuppelt und anschließend wieder auf das schnell laufende Streckenseil aufgekuppelt.

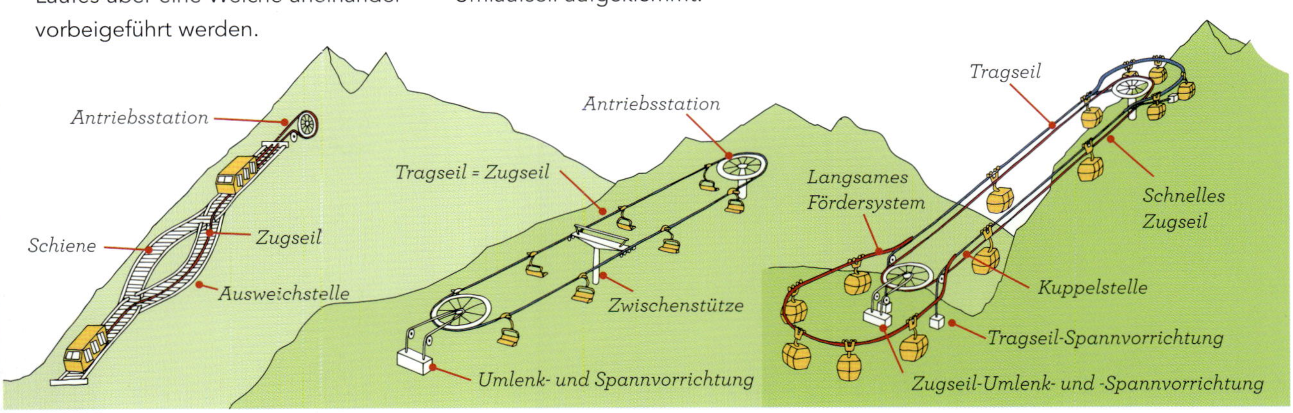

Seilbahn-Fahrzeuge

Pendelbahn-Kabine, Pilatus (CH)

Tellerlift

Sessellift

Gondel

Standseilbahn-Kabinen

Zu den verschiedenen Betriebsarten der Seilbahnen gehören dementsprechende Fahrzeuge. Die einfachsten Fahrzeuge bei der Einseil-Umlaufbahn sind der Schleppteller und der T-Bügel, die nur für Skilifte verwendet werden. Sessel werden bei Einseil-Umlaufbahnen eingesetzt und Gondeln für wenige Personen bei Ein- und Zweiseil-Umlaufbahnen. Für Pendelbahnen, egal ob Standseil- oder Seilschwebe-Bahn, werden große Kabinen gebaut, die bis zu 180 Personen fassen können. Die neuesten Kabinen drehen sich um die Hängeachse und sind hightech ausgestattet.

Geschwindigkeit und Förderkapazität:

Umlaufbahnen mit fix gekuppelten Fahrzeugen	**9 km/h**
Umlaufbahnen mit kuppelbaren Fahrzeugen	**30 km/h**
Pendelbahnen	**45 km/h**

Moderne Umlaufbahnen erreichen je nach Größe und Anzahl der Fahrzeuge eine Förderleistung von 3.000 bis 5.000 Personen in der Stunde.
Bei Pendelbahnen hängt die Leistung nicht nur von der Geschwindigkeit und Größe der Kabinen, sondern auch von der Streckenlänge ab. Es können bis zu 2.800 Personen in der Stunde befördert werden.

Das Drahtseil

Erst die Erfindung des Drahtseils hat die Entwicklung der Seilbahnen ermöglicht. Es wurde 1834 für den Bergbau entwickelt und besteht aus mehreren Drähten bzw. **Litzen**, die um eine Einlage (aus Natur- oder Kunstfaser) gegeneinander verdreht („geschlagen") werden. Von der drehbaren Drahthaspel, der **Verseilmaschine**, laufen die Drähte durch den Verseilkopf (eine Scheibe mit der entsprechenden Anzahl von Löchern) bis zum Lager und werden dabei wendelförmig um den Kerndraht geschlungen. Mehrere so entstandene Litzen werden in einem zweiten Arbeitsgang, wie vorher die Drähte, zum fertigen Seil geschlagen.
Die Drahtseile werden durch Spannungsänderung, durch mechanischen Verschleiß und durch Korrosion beansprucht. Das wichtigste Kriterium bei der Prüfung der Tragsicherheit von beanspruchten Seilen ist die Zahl der gebrochenen Drähte pro Längeneinheit.

Verseilmaschine

Aufbau eines Seiles

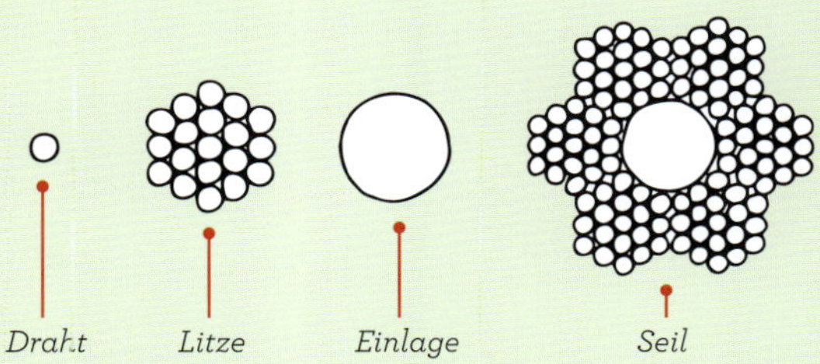

Als **Rund-Litzenseil** wird die einfache Form des Seils bezeichnet. Die außen liegenden Litzen sind dabei sichtbar. Bei Seilbahnen sind dies die Zugseile.

Querschnitt eines Zugseils

Bei **verschlossenen Seilen** hingegen besteht die äußere Lage aus Drähten mit einem Z-förmigen Profil, die ähnlich einem Reißverschluss so ineinandergreifen, dass das Seil eine glatte Oberfläche aufweist. Diese werden als Tragseile für Seilbahnen verwendet.

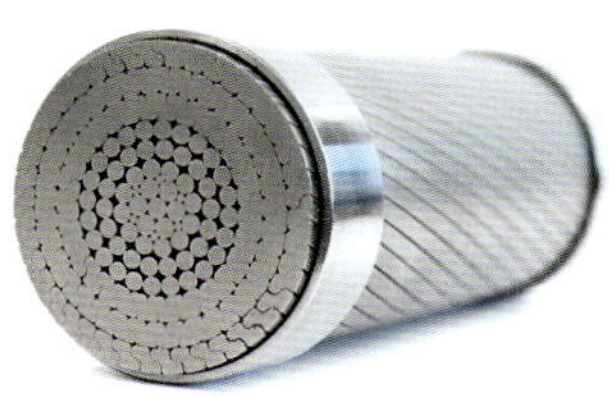

Querschnitt eines Tragseils

Das Spleißen eines Seils

Umlaufbahnen benötigen **Endlosseile.** Das Verbinden eines Seils ohne spürbare Nahtstelle nennt man Spleißen. Dabei verbindet man die beiden Enden eines Seils durch das Aufdrehen und Ineinanderdrehen der Litzen dieser beiden Enden.

Seilbahnen bauen

Der Bau einer Seilbahn im Hochgebirge ist noch immer einer große technische Herausforderung: Bereits in der Planung müssen das Profil und der geologische Aufbau des Geländes genau erfasst werden, um die optimale Trassierung zu finden. Anzahl, Stützweite und Fundamente der Seilbahn-Stützen müssen festgelegt werden. Die **Unzugänglichkeit des Geländes**, die jahreszeitlich bedingten kurzen Bauzeiten und die häufigen **Wetterkapriolen** erschweren die Planung, vor allem aber die Ausführung. Aus diesem Grund werden Baukonstruktionen aus Stahl bevorzugt, die im Werk vorgefertigt und vor Ort montiert werden können. Für die Montage der Anlageteile werden Hubschrauber und Materialseilbahnen eingesetzt. Nach dem Aufbau der Anlage wird mit der **Montage des Seils** begonnen, dem schwierigsten Teil im Bauablauf. Zum Schluss werden die **Fahrzeuge** montiert.

Seilbahnstationen

Bautechnisch besonders aufwendig sind die Bergstationen, weil dort große Geländebewegungen und Betonarbeiten notwendig sind. Der Architektur der Seilbahnstationen wird – früher wie heute – ein hoher Image-Wert beigemessen.

Bergstation der Innsbrucker Hafelekarbahn, 1928 von Hans Baumann geplant.

Bergstation der Innsbrucker Hungerburgbahn, 2007 von Zaha Hadid geplant.

Sicher fahren

Seilbahnen sind, im Vergleich mit anderen Verkehrsmitteln, eines der sichersten. Gefährlich sind allerdings die schnell wechselnden **Wetterereignisse** im Hochgebirge wie Wind und Gewitter. Durch von Wind verursachte **Schwingungen** kann es zu Seilentgleisungen an den Stützrollen kommen. Einseilbahnen dürfen daher nur bis zu einer Windgeschwindigkeit von max. 60 km/h betrieben werden. Besonders gefährlich für Pendelbahnen ist der sogenannte **Zugseilüberschlag**. Dabei überschlägt das Zugseil, das Tragseil, was beim Weiterlaufen der Bahn die Seile zerstören würde. Weil die Seilanlagen ein hervorragender **Blitzableiter** sind, werden die meisten Anlagen zusätzlich geerdet und bei aufkommenden Gewittern außer Betrieb gesetzt.

Seilrisse, früher eine Gefahr, werden heute durch eine Überprüfung der Seile in der Fertigung sowie eine regelmäßige Sichtkontrolle und Materialprüfung verhindert. Seilbahnen sind mehrfach gesichert und mit voneinander unabhängigen **Bremssystemen** ausgestattet. Im äußersten Notfall klemmt die sogenannte Fangbremse das Laufwerk der Kabine auf das Tragseil.

SPECIAL !?!

Seilbahnunglück Cermis

Es gibt auch Unvorhersehbares: Im Februar 1998 durchtrennte ein amerikanischer Militärjet auf einem Übungsflug das Tragseil der Cermis-Seilbahn in den Dolomiten. Die Gondel stürzte vor der Mittelstation 100 Meter tief ab und zerschellte. 20 Menschen fanden den Tod. Der Pilot steuerte seine Prowler EA-6B fast unbeschädigt zur 100 Kilometer entfernten Nato-Luftbasis Aviano zurück.

Das **Sicherheitsmanagement** bei Seilbahnen umfasst detaillierte Bergungspläne für den Fall, dass eine Seilbahn auf der Fahrt stecken bleibt. Falls es nicht möglich ist, die Kabinen zur Station zu fahren, werden die Personen von **geschulten Rettungskräften** aus den Seilbahnfahrzeugen evakuiert. Üblicherweise wird vom Boden aus evakuiert. Wenn möglich, können die Passagiere einfach mit Leitern aus der Kabine geholt werden. Oft hängen Seilbahnen aber zu hoch. Dann klettern Rettungskräfte auf die Stützen der Seilbahn und seilen sich bis zu der Kabine ab. Die Passagiere werden dann auf das Gelände abgeseilt. Ist eine Rettung vom Boden aus nicht möglich, werden Rettungskräfte mithilfe eines Hubschraubers zum Fahrzeug gebracht

TECHNOALPIN

GUT PRÄPARIERT

SKIPISTEN

Die Alpen sind heute Europas größtes Skigebiet und ein Touristenmagnet. Dabei galten die Berge noch vor 100 Jahren als bedrohlich und der Winter in den Bergen bedeutete für viele Täler und Dörfer monatelange Abgeschiedenheit.
Ski und Rodel, mit denen wir heute über die Pisten flitzen, waren ursprünglich Hilfsmittel, um verschneite Wege besser bewältigen zu können. Ende des 19. Jahrhunderts wurde das aus Skandinavien importierte Skilaufen in den Alpen heimisch. Für Sport und Freizeit wurden die winterlichen Arbeits- und Fortbewegungshilfen aber erst in den 1920er-Jahren entdeckt. Der Boom des Wintertourismus in den 1960er-Jahren führte schließlich zum Ausbau von breiten, massentauglichen Pisten und zum Einsatz von Schneekanonen – sie garantieren Schnee und sichern die Wintersaison. Schwere Maschinen werden eingesetzt, um die Pisten entsprechend zu präparieren. Es wird permanent geforscht, entwickelt und erneuert, angespornt vom Wunsch nach neuen sportlichen Aktivitäten und noch effizienteren Maschinen.

Mit Hightech über die Piste

Wintersportler suchen laufend neue Herausforderungen und zusätzlichen Spaß im Schnee: über steile Pulverschneehänge abfahren, mit akrobatischen Einlagen auf Skiern und Snowboards in den Funparks beeindrucken oder mit dem Schlitten perfekt präparierte und gesicherte Rodelbahnen hinuntersausen – um diesen Ansprüchen zu genügen, braucht es Technik auf dem neuesten Stand.

Das „Surfen“ im Tiefschnee in „Rocker“-Technik, das geschmeidige Befahren von Kurven im Carving-Stil, die Flexibilität und Widerstandskraft der Ski aufgrund der „Sandwich“-Technik, die rasante Abfahrt durch die Schrägstellung der Kufen beim Schlitten oder die aerodynamische Verschalung des Sportbobs sind nur einige der technischen Entwicklungen.

Als Vorfahren von Ski, Snowboard und Schlitten können der in Russland gefundene 8.300 Jahre alte Ski und der berühmteste Skifund in Schweden, der „Ski von Hoting“, mit einem Alter von 4.500 Jahren gelten.

SPECIAL !?!

Jon Thorsteinson, der sich **„Snow-Shoe“ Thompson** nannte, war ein aus Norwegen stammender Postbote, der sich um 1850 als Skihersteller einen Namen machte. Seine Geschwindigkeitsrekorde bei der Postzustellung waren maßgeblich an der Verbreitung des Skifahrens in Nordamerika beteiligt.

Zdarsky beim Skifahren mit dem Einstock

Die Anfänge des Wintersports

Die Erfindung der ersten **Seilzugbindung** von Sondre Norheim nutzte die geniale Idee, Ski und Stiefel mithilfe einer Weidenrute fest zu verbinden. Dadurch wurde das Kurvenfahren erleichtert und Skispringen überhaupt erst möglich. Diese Entwicklungen sind als Grundlage für den modernen Skisport zu sehen.

Im 18. Jahrhundert wurden im **norwegischen Telemark** Ski zum „Spaßgebrauch" und für Rennen entwickelt. Dieses Skimodell bildet aufgrund der Taillierung noch heute das Grundmuster für den modernen Carving-Ski.

Mathias Zdarsky aus dem österreichischen Lilienfeld erkannte, dass die nordischen Ski für alpines Terrain viel zu lang waren. Mit einer Säge kürzte er sie auf 1,80 Meter und erhielt so drehfreudige Ski. Seine **Lilienfelder Bindung**, eine eiserne Fersenhalterung, verhinderte das seitliche Abgleiten des Fußes und sorgte für Stabilität. Der „Alpinski" war geboren.

Lilienfelder Bindung

Weitere Entwicklungen trugen zur technischen Verbesserung und zum Fahrkomfort bei, etwa die Verwendung von Stahlkanten und die Entwicklung der Sandwichbauweise, ebenso der Bau des extrem taillierten Carving-Skis.

Carving-Ski

sind Alpinski, die um 1990 auf den Markt kamen. Im Vergleich zum klassischen Alpinski sind sie kürzer und stärker tailliert. Mit der entsprechenden Fahrtechnik, dem Carven (dt. Einschnitzen), werden die Kurven nicht mehr auf der Gleitfläche, sondern auf der Kante gefahren.

Taillierung

Die **Taillierung** (engl. side cut) ist das Verhältnis der Breite von Schaufel-Mitte-Heck und gibt dem Ski bzw. Snowboard von oben gesehen eine sanduhrähnliche Form. Je größer die Taillierung, desto engere und schnellere Kurven macht der Ski oder das Board.

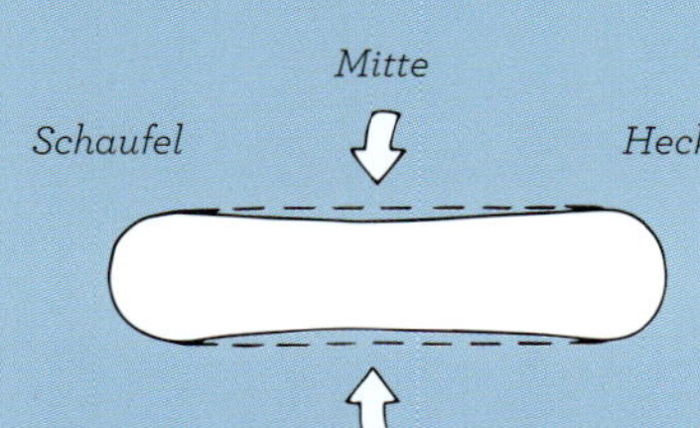

Rocker-Ski sind Alpinski, die breiter und **wenig tailliert** sind. Zudem weisen sie eine negative, also **geringe Vorspannung** auf. Das heißt, sie berühren die Unterlage in der Skimitte unter der Bindung, während Schaufel und Heck nach oben gebogen sind. Dadurch eignen sich Rocker-Ski besonders für das Fahren im Tiefschnee.

Vorspannung

Die **Vorspannung** (engl. camber) ist die **Wölbung** des Skis oder Snowboards von der Seite gesehen. Eine **positive Vorspannung** bedeutet, dass der Ski oder das Board nur an der Schaufel und am Heck aufliegt. Die Mitte bleibt unbelastet und weist etwas Abstand zum Schnee auf. Je größer (positiver) die Vorspannung, desto griffiger und laufruhiger ist der Ski bzw. das Snowboard.

Bei einer **negativen Vorspannung** (engl. reverse camber) sind Schaufel und Heck nach oben gebogen, der Ski oder das Board liegt also in der Mitte auf. Diese Technik wird auch **Rocker** (dt. Schaukel) genannt. Je geringer (negativer) die Vorspannung, desto drehfreudiger ist der Ski bzw. das Snowboard und desto mehr Auftrieb erhalten sie im Tiefschnee.

Tourenski werden in der Regel aus leichteren Materialien als Pistenski hergestellt, da sie nicht nur zum Abfahren, sondern auch zum Aufsteigen verwendet werden. Für den Aufstieg werden **Steigfelle** benutzt, die durch den Haarstrich ein Zurückrutschen des Skis verhindern. Sie werden an der Unterseite entweder mittels einer Spannvorrichtung angebracht oder aufgeklebt. Ein wesentlicher Bestandteil der Tourenskier sind die **Tourenbindungen**, die so konstruiert sind, dass für den Aufstieg der Skischuh nur an der Schuhspitze fixiert ist und für die Abfahrt auch die Ferse festgeschnallt werden kann.

Der **Langlaufski** ist deutlich länger, schmaler und leichter als der Alpinski. Diese speziellen Eigenschaften verringern das Einbremsen durch Reibung und Gewicht. Gelaufen wird auf präparierten Loipen, indem man sich abwechselnd auf einem Ski abdrückt und auf dem anderen gleitet. Daher besitzt der Ski sowohl eine **Steigzone** (unter der Bindung) als auch eine **Gleitzone** (vorn und hinten). Der Schuh ist über die Bindung nur an der Fußspitze mit dem Ski verbunden. Dadurch kann sich der Fuß wie beim „normalen" Laufen bewegen und ermöglicht so ein kräftiges Abdrücken und dadurch schnelleres Vorankommen.

Torsionssteifigkeit

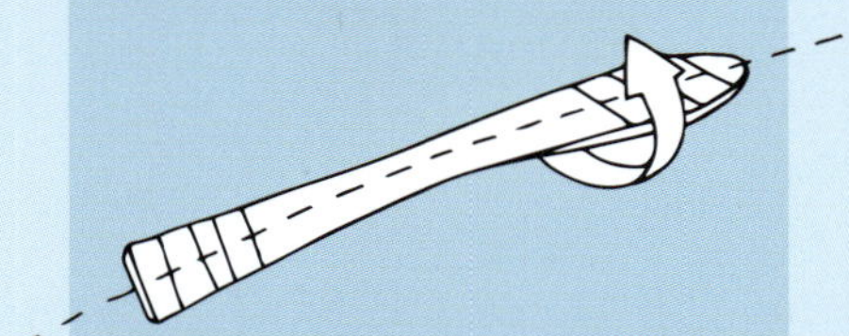

Die Torsion ist das Verwinden des Skis oder Snowboards in seiner Längsachse. Die **Torsionssteifigkeit** ist der **Widerstand gegen** diese **Verwindung**. Je höher dieser Widerstand, desto weniger verwindet sich der Ski, wenn er auf der Kante gefahren wird, und desto besser greift die Kante von der Schaufel bis zum Heck. Eine hohe Torsionssteifigkeit kann aber auch zu einem leichteren Verkanten führen.

Surfen im Schnee

1963 experimentierten die beiden US-amerikanischen Surfer Tom Sims und Jake Burton Carpenter mit alten Türen und großen Holzbrettern, auf denen sie Laschen montierten, um das **Surf-Gefühl auf Schnee** zu rekonstruieren. Das **Snowboarden** war geboren. In den Jahren danach wurde intensiv experimentiert und die Konstruktion der Bretter und Bindungen weiterentwickelt, auch Technologien aus der Skiindustrie wurden integriert. Wie sich das Snowboard beim Fahren verhält und ob es sich zum Fahren auf der Piste, im Funpark oder im Tiefschnee eignet, entscheiden Material und Form.

Snowboard-ABC

Fakie = Rückwärtsfahren

Funpark = Parcour mit Hindernissen für Sprünge und Tricks

Halfpipe = Hindernis in Form einer halben Röhre

Jumps = Sprünge an einem Kicker

Kicker = Sprungschanze

Nose = Spitze, Schaufel

Obstacels = Hindernisse im Funpark aus Schnee, Holz oder Metall

Powder = Pulverschnee/Tiefschnee

Rails = Hindernisse in Form eines Geländers aus Metall

Tail = Heck

Sandwichbauweise

Die meisten Ski und Snowboards werden heute in **Sandwichbauweise** hergestellt. Dabei werden die Materialien in verschiedenen Schichten in einer Form fixiert und mit Harzen unter Hitze und Druck in einer Presse verklebt. Je nach Anforderung werden **unterschiedliche Materialien** verwendet: vom einfachen Schaumstoffkern für Anfängerski bis zum verleimten Holzkern für FIS-Weltcupski. Die Kombination der verschiedenen Materialien bestimmt den Widerstand, die Wendigkeit und die Flexibilität des Skis und des Snowboards.

Das Innenleben eines Snowboards

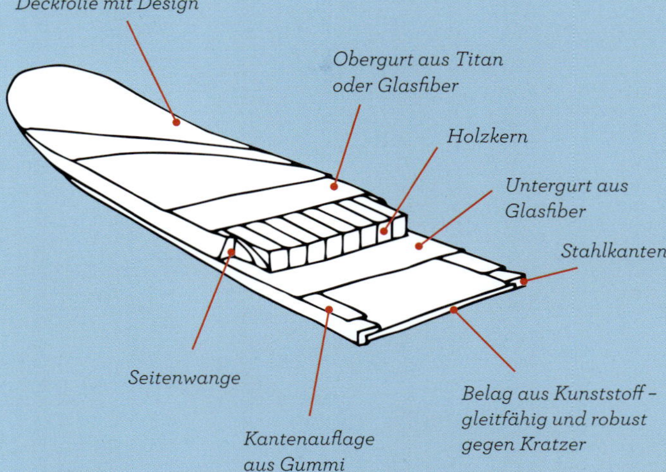

Freeride-Boards sind in erster Linie für das **Tiefschneefahren** gedacht. Sie sind breiter, wenig tailliert und steifer (höhere Torsionssteifigkeit). Nur die Mitte des Boards berührt den Boden, Nose und Tail schweben in der Luft (negative Vorspannung), sodass das Board mehr Aufrieb im Powder bekommt und durch die Leichtigkeit der Schwünge echtes Surfgefühl aufkommt.

Freestyle-Boards sind für das **Fahren im Funpark** konstruiert. Sie sind relativ kurz, tailliert und flexibel (geringere Torsionssteifigkeit). Nose und Tail sind beide nach oben gebogen. Dadurch ist das Board wendiger und erleichtert das Drehen und Rückwärtsfahren an den verschiedenen Hindernissen im Funpark.

Alpin-Boards sind für die **schnelle und kurvige Abfahrt** geeignet. Sie sind relativ schwer, tailliert und steif (hohe Torsionssteifigkeit) und liegen nur an Schaufel und Heck auf (positive Vorspannung). Die Spitze ist nur leicht aufgebogen und das Heck meist flach. Das ergibt guten Kantenhalt beim schnellen Carven.

Vom Transport- zum Sportgerät

Freizeitrodeln

Hornschlitten als Transportmittel

Der Schlitten war über Jahrhunderte das wichtigste Verkehrs- und Transportmittel im Winter. In den Alpen beförderten die Bergbauern mit dem **Hornschlitten** Heu oder Holz zum Bauernhof oder ins Tal.
Erst im 19. Jahrhundert entwickelte sich der Schlittensport. Die ersten „sportlichen" Rodler benutzten Schlitten, die dem **Davoser Schlitten** sehr ähnlich waren. Der Name rührt vom ersten historisch belegten und offiziellen Schlittenrennen her, das 1883 in Davos stattfand und bei dem dieser Schlittentyp zum Einsatz kam.

Der Davoser Schlitten wurde aus Norwegen in die Schweiz eingeführt und weiterentwickelt. Das Wort „Rodel" kam erst später in Gebrauch und bezeichnet heute das durch Gewichtsverlagerung lenkbare Sportgerät.

SPECIAL !?!

Do it yourself - das Rennböckl

Das Rennböckl kam in den Alpen zu Beginn des 19. Jahrhunderts als billige Alternative zu den damals teuren Rodeln auf. Damit kam man im Winter schneller und bequemer vom Bergbauernhof in die Schule. Gesteuert wird es durch seitliche Gewichtsverlagerung, gebremst wird mit den Füßen.

Alpinski + Holzblock + Sitzfläche + Griffe = Rennböckl

Der Davoser Schlitten

ist ein Holzschlitten, dessen eisenbeschlagene **Kufen** senkrecht auf dem Boden stehen, die Kufen liegen dadurch **flach** auf dem Boden. Durch die feste, unbewegliche Verbindung der Holzstützen mit dem Sitz müssen die Füße zum Lenken und Bremsen gegen den Boden gedrückt werden.

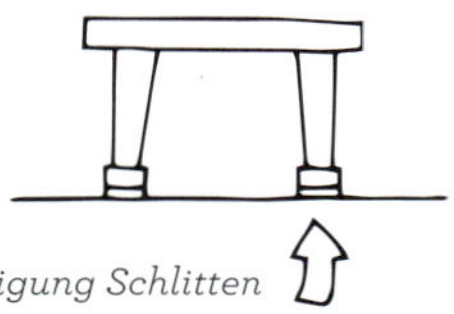

Kufenneigung Schlitten

Der Hornschlitten

hat seinen Namen von den vorn **nach oben verlängerten Kufen**, die zum Lenken und Ziehen des Schlittens und als Haltegriffe dienen. Gelenkt wird durch Druck und Zug auf diese Hörner, dadurch bewegt sich der ganze Holzrahmen, was sich auf die Laufrichtung der Kufen auswirkt. Zusätzlich wird mit den Füßen gesteuert und gebremst.

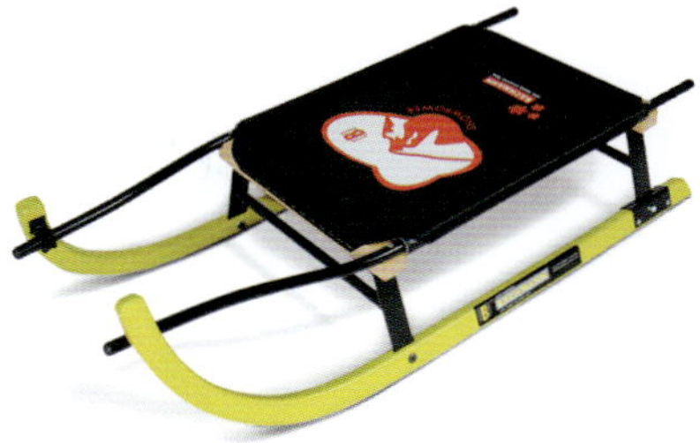

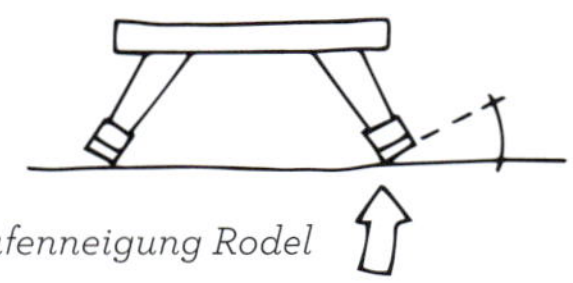

Kufenneigung Rodel

Der Sportrodel

(österreichisch: die Rodel) weist im Gegensatz zum Davoser Schlitten eine Kufenneigung auf, d. h. die **Kufen liegen** nur **auf einer Kante** auf. Durch diese Schrägstellung konzentrieren sich Druck und Gewicht auf die Innenseiten der Kufen. Der Rodel lässt sich dadurch auch bei höheren Geschwindigkeiten leichter führen und ist vor allem auf harten und eisigen Pisten wesentlich sicherer. Durch die **verziehbare** (bewegliche) **Konstruktion** – wie beim Hornschlitten – kann der Fahrer durch Gewichtsverlagerung und Druck der Beine auf den vorderen Rahmenbogen lenken. Der Rodel kann dadurch die Spur besser halten und ist wesentlich schneller als der Davoser Schlitten.

Bobrennen Cup de France in Davos, 1906

Der Bob

wurde 1888 von dem Engländer Wilson Smith in der Schweiz entwickelt, indem er zwei Schlitten hintereinander unter ein Brett montierte. Der vordere Schlitten war über Seile steuerbar. Im Prinzip funktionieren moderne Sportbobs immer noch so, auch wenn sie aus einem **zweiteiligen Stahlrohrrahmen** bestehen. Dieser ist aerodynamisch mit Fiberglas und Karbonfasern verkleidet, was den Luftwiderstand besser bricht und die Fahrer bei eventuellen Stürzen schützt. Schon kleinste Lenkbewegungen an der falschen Stelle können einen Überschlag verursachen, was bei Geschwindigkeiten von bis zu 150 km/h lebensgefährliche Folgen haben kann.

Schnee aus der Kanone

Ohne Kunstschnee geht heute in den Skigebieten der Alpen gar nichts mehr. Die Pisten sind nahezu flächendeckend mit Beschneiungsanlagen ausgerüstet. **Schneeerzeuger** werden in den Wintersportgebieten eingesetzt, wenn durch zu geringen Schneefall bzw. durch Tauwetter die Schneesicherheit nicht gegeben ist und damit Skifahren, Snowboarden etc. nicht mehr möglich sind. Letztendlich geht es darum, die Skisaison für die Betreiber, aber auch für Investoren planbar zu machen.

Eine junge Geschichte

1940 *Entdeckung des Prinzips der technischen Schneeerzeugung in Kanada*

1958 *Erste Hochdruck-Schneekanone in den USA*

1968 *Erste Propeller-Schneekanone in Europa*

1970 *Erstes Hochdruck-Lanzensystem in den USA*

Ab 1970 *Verbreitung der Schneekanonen in den Alpen*

SPECIAL !?!

Das **Grundprinzip der Schneekanone** wurde Ende der 1940er-Jahre durch Zufall in Kanada entdeckt, als Forscher in einem Windkanal Wasser bei tiefen Temperaturen sprühten, um die Vereisung von Düsentriebwerken zu untersuchen – und dadurch Schnee entstand.

Winzige Eiskugeln statt Schneekristallen

Natürlicher Schnee – wie Schneekristalle entstehen

Wasser lässt sich unter 0° C abkühlen, ohne dass es gefriert. Erst wenn ein **Kristallisationskeim**, z. B. ein Staubkorn, dazukommt, gefriert es. In den Wolken verbinden sich Wassertröpfchen mit solchen Kristallisationskeimen und gefrieren. Der Schneekristall wächst von innen nach außen zu einer sechseckigen Form. Die Schneeflocken weisen eine Vielzahl von **Verzweigungen** (Dendriten) auf. Die Form der Kristalle wird vor allem durch die Temperatur und die Luftfeuchtigkeit, aber auch den Luftdruck bestimmt. Dadurch gleicht keine Schneeflocke der anderen! Der Gefrierprozess (einer natürlichen Schneeflocke) dauert mehrere Minuten.

Technischer Schnee – wie technischer Schnee entsteht

Der Begriff „Kunstschnee" wird mittlerweile durch den Begriff „technischer Schnee" ersetzt, denn der Schnee enthält nichts Künstliches, sondern wird mit technischen Hilfsmitteln hergestellt.
Zuerst werden Wasser und Druckluft durch Düsen gepresst. Beim Austritt aus diesen **Nukleatordüsen**, auch Mischdüsen genannt, dehnt sich das Luft-Wasser-Gemisch aus, kühlt dadurch ab und bildet Eiskeime. Diese werden mit dem zerstäubten Wasser aus den Wasserdüsen besprüht.
So entstehen in der kalten Luft in etwa 10 Sekunden **Eiskügelchen**, die im Gegensatz zu den Schneeflocken von außen nach innen gefrieren. Der Gefrierprozess funktioniert erst ab ca. 2 bis 3 Minusgraden, optimal sind minus 10° C. Der Abkühlungsvorgang funktioniert umso besser, je trockener die Umgebungsluft ist.

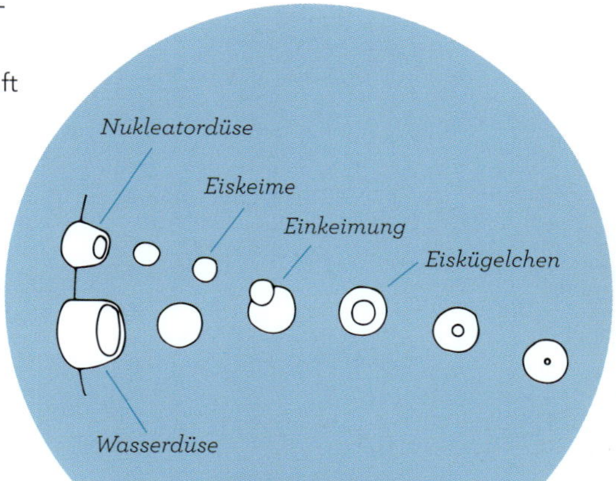

Entstehung von technischem Schnee

Natürlicher Schnee

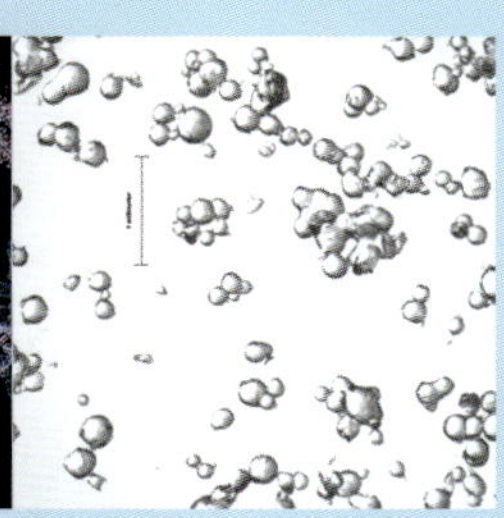
Technischer Schnee

Technischer Schnee ist viel kompakter als Naturschnee.

Dichte von Naturschnee: 50–150 kg/m³

Dichte von technischem Schnee: 300–500 kg/m³

Die Beschneiungsanlage

Eine moderne **Beschneiungsanlage** ist ein komplexes System und umfasst alle Einrichtungen und Maschinen, die es benötigt, um technischen Schnee in großen Mengen erzeugen zu können. Dazu gehören u. a. Speicherseen für das Wasser, Wasserpumpen, Luftdruckkompressoren, Leitungen für Wasser, Luftdruck und Strom und natürlich die Schneeerzeuger wie Schneelanze und Schneekanone.

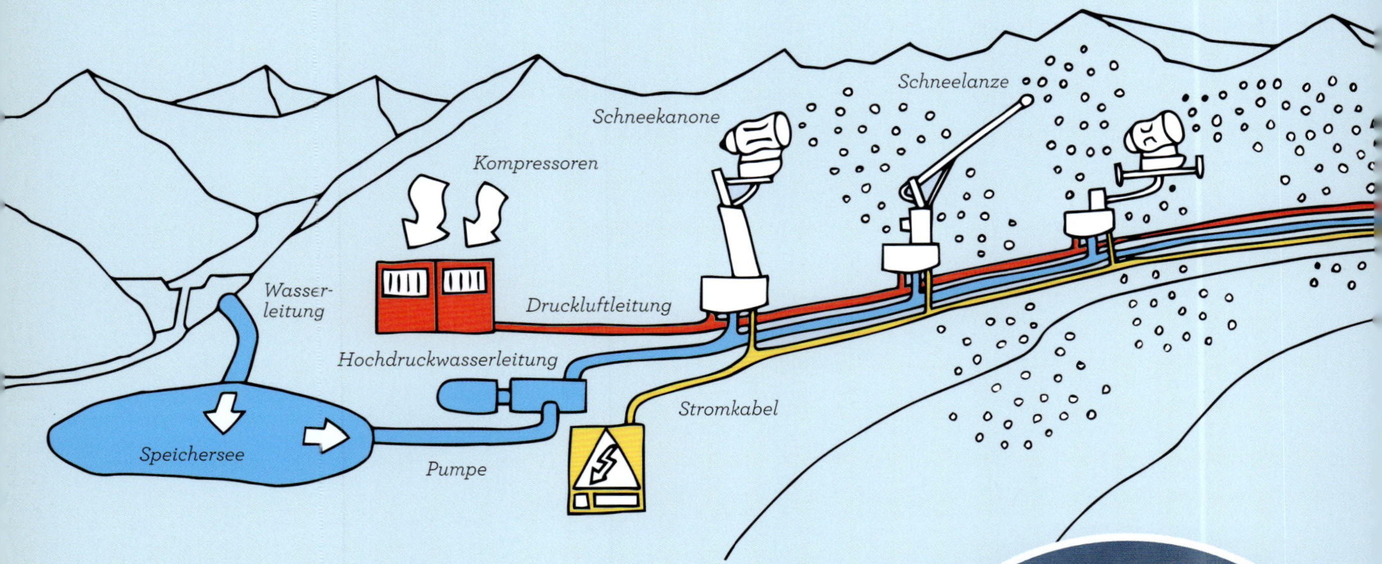

Die Schneelanze

Bei der Schnei- oder Schneelanze rieselt der Schnee von oben herab. Die Lanze besteht aus einem Sockel und einem bis zu 12 Meter langen **Aluminiumrohr**, das senkrecht oder schräg aufgestellt wird. Wasser- und Luftdruckleitungen werden durch das Rohr bis an die Spitze geleitet. Dort befindet sich der **Düsenkopf** mit den Wasser- und Nukleatordüsen. Durch die Höhe, aus der die Eiskeime langsam auf den Boden niedersinken, bleibt genügend Zeit für die Entstehung der Eiskügelchen. Die Schneelanze ist im Vergleich zur Propellerkanone wesentlich leiser und benötigt weniger Strom, erzeugt allerdings weniger Schnee und schleudert ihn weniger weit hinaus.

Die Propellerkanone

Am häufigsten begegnen Wintersportler auf der Piste der Propellerkanone – auch einfach „Schneekanone" genannt. Rings um den Rohrausgang der Propellerkanone befinden sich eine große Anzahl **Wasserdüsen** und einige **Nukleatordüsen**.

Mithilfe eines **Propellers** (Turbine) werden die Wassertröpfchen und die Eiskeime weit in die Luft hinausgeblasen und bekommen dadurch genügend Zeit, um zu Schnee zu gefrieren, bevor sie auf der Piste landen. Die Wurfweite kann bis zu 60 Meter betragen.

Propellerkanonen besitzen eine Schwenkvorrichtung, sodass der Schnee über eine große Fläche verteilt werden kann. Sie können auf mobilen Transportvorrichtungen oder auf standfesten Türmen angebracht werden.

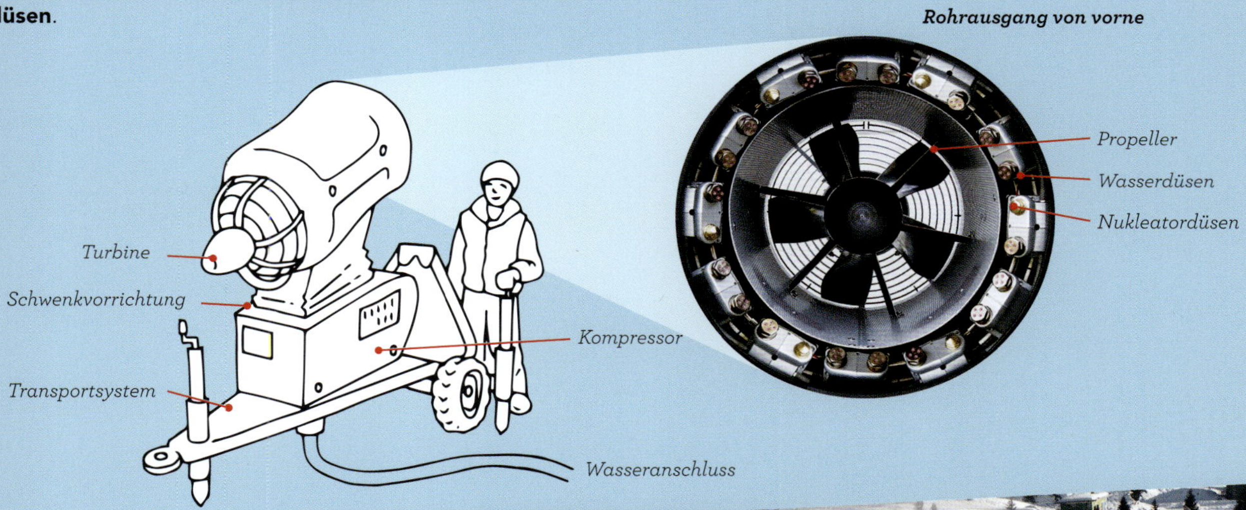

Bakterien, Farm und Wolke

Snomax – Schnee mit Bakterien

Das **Eiweiß** „Snomax", das von Bakterien erzeugt wird, lässt Wasser schon bei plus 5° C zu schneeähnlichem Pulver „gefrieren". Es wird dem Wasser der **Beschneiungsanlagen beigemischt**. Nach der Schneeschmelze bleiben allerdings Reste von Bakterien im Boden, und es ist noch nicht restlos geklärt, welche Folgen das für die Umwelt hat. Daher ist der Einsatz in Österreich und Deutschland verboten, in Italien gibt es ein Abkommen zwischen den Skigebieten, Snomax nicht zu verwenden.

Snowfarming

Wird Schnee für die nächste Wintersaison **vorfabriziert**, nennt man das Snowfarming. Man nutzt dazu kalte Wintertage. Der Schnee wird zu einem Berg zusammengeschoben und mit einer dicken Schicht Hackschnitzel und einer Folie abgedeckt. Diese **Isolierung** konserviert bis zu 80 % der Schneemasse über den Sommer und schon in den ersten Novembertagen kann damit z. B. eine Langlaufloipe auf der grünen Wiese geschaffen werden – lange bevor die Nachttemperaturen die Erzeugung von technischem Schnee erlauben.

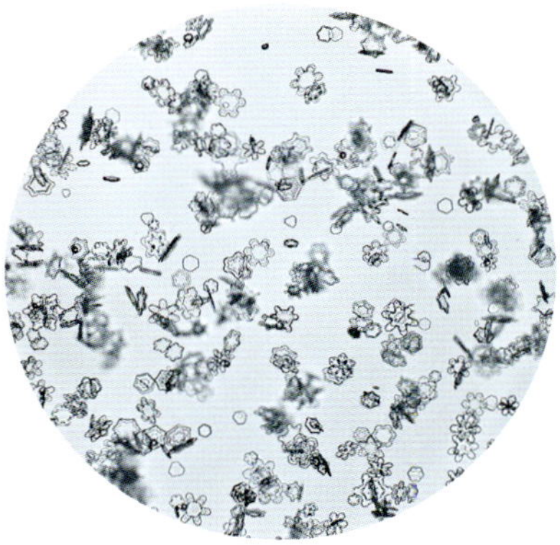

Technischer Schnee aus der Plastikwolke

Die künstliche Schneewolke

Seit 2009 arbeiten Forscher in Österreich an einem Verfahren, das weniger Energie verbrauchen und technischen Schnee erzeugen soll, der mehr Ähnlichkeit mit Naturschnee aufweist.

Der **Schneeerzeuger** besteht aus einer leichten Metall- und Holzkonstruktion und einer Membran, einer dünnen Plastikhülle, die auf einem Dreibein, ähnlich einem Fotostativ, aufliegt. In das Innere der Membran, der „Wolkenkammer", wird **Wassernebel** eingesprüht. Die entstandene Wolke wird mithilfe eines Ventilators herumgewirbelt. Wenn es kalt genug ist – unter minus 5° C –, kühlen die Wassertröpfchen unter den Gefrierpunkt ab, aber ohne dabei sofort zu gefrieren. In diesen unterkühlten Nebel werden kleine gefrorene Eisplättchen eingeschossen. Während sie in der Kammer herumwirbeln, haben sie bis zu zwei Minuten Zeit, zu **größeren Kristallen** zu wachsen; diese weisen Verzweigungen auf, die denen von natürlich entstandenen Schneeflocken ähneln. Die technisch entstandenen Schneeflocken fallen dann aus dem Wolkenbehälter wie natürliche Schneeflocken nach unten. Die mobilen Kunstwolken sollen auf unbemannten Raupen langsam über die Piste fahren und sie beschneien.

Die künstliche Schneewolke

Schneeproduktion in Zahlen

Aufgrund des steigenden Ausbaus von Beschneiungsanlagen wurden Ende 2014 geschätzte 700 km² im Alpenraum beschneit und dafür 280 Mio. m³ Wasser verbraucht.

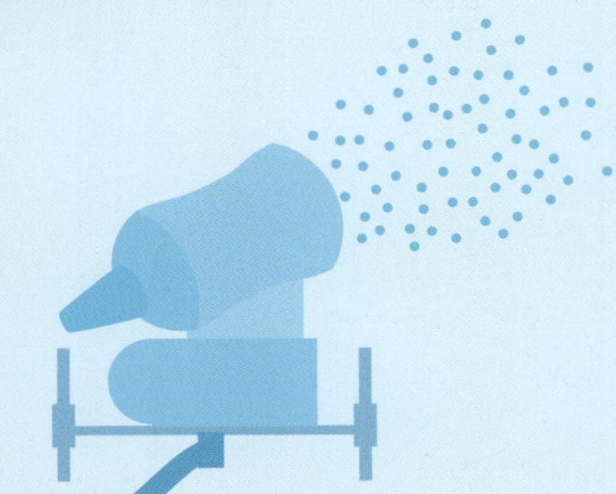

Perfekte Pisten

In der Nacht sind die Pistenfahrzeuge stundenlang unterwegs und verschieben Tonnen von Schnee. Am Morgen ist die gesamte Pistenbreite von einer gleichmäßig gerillten Schneeschicht bedeckt, locker und fest zugleich. So ein perfektes Pistenbild setzt einen aufwendigen und präzisen Einsatz von hochtechnischen Maschinen voraus.

Von Katzen und Raupen

In der Umgangssprache haben sich die Bezeichnungen „Schneekatze" und „Schneeraupe" eingebürgert. „Schneekatze" ist eine direkte Übersetzung der englischen Bezeichnung „**snowcat**", die sich wiederum vom Namen des Herstellers Tucker *Sno-Cat* ableitet. „Cat" ist die Abkürzung für das englische „**caterpillar**", zu Deutsch: Raupe.

Ein Pistenfahrzeug

ist ein bis zu 11 Tonnen schweres **Kettenfahrzeug**, das vorn mit einem Räumschild und hinten mit einer Fräse ausgerüstet ist. Die über 500 PS werden üblicherweise durch Dieselmotoren angetrieben.

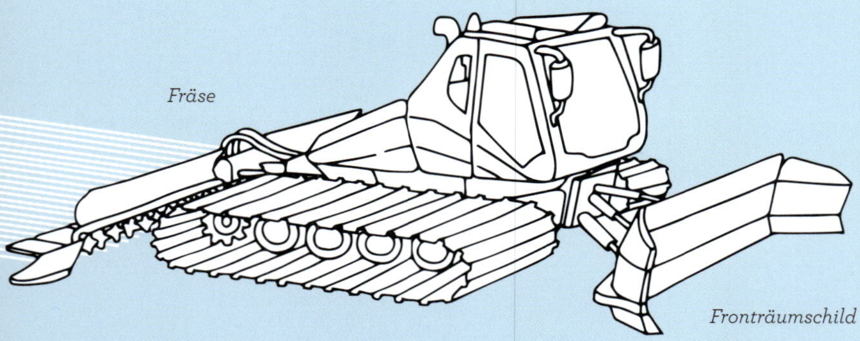

Schneehöhenmessung

Mithilfe von GPS und einer speziellen Software wird die Schneehöhe der Piste in Echtzeit gemessen und auf dem Bildschirm in der Fahrerkabine angezeigt. Der Fahrer kann so den Schnee optimal verteilen. Das spart nicht nur Zeit und Kosten, sondern auch Wasser und Energie.

Kälteschutz

Das Konstruktionsmaterial und der Motor eines Pistenfahrzeugs sind für den Betrieb bei extrem niedrigen Temperaturen ausgelegt. Die Kabine ist **wärmegedämmt** und durch besondere Beschichtungen, Windschilde und Heißluftgebläse **gegen Vereisung** geschützt.

Seilwinde

Pistenfahrzeuge können durch ihren niedrigen Schwerpunkt und die große Auflagefläche Steigungen bis zu 100 % (= 45°) bewältigen. Bei noch extremeren Steigungen werden sie durch Seilwinden unterstützt.

Auch zum untergrundschonenden Verschieben großer Schneemengen werden solche Windenmaschinen eingesetzt. Diese können über eine Zugkraft von 4,8 Tonnen und ein Stahlseil von bis zu 1.200 Meter Länge verfügen.

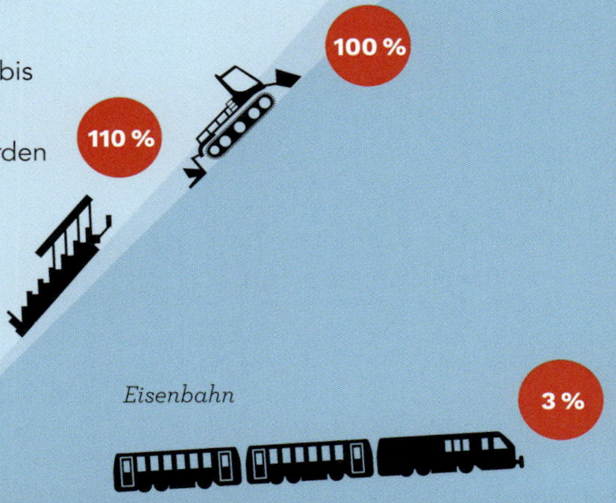

Steigungen im Vergleich

Pisten präparieren

Mit dem **Fronträumschild** werden harte Eisplatten aufgerissen und lockerer Schnee auf die Piste geschoben. Mit diesem aufgelockerten Schnee wird der harte, eisige Untergrund bedeckt. Gleichzeitig wird der Schnee durch das Gewicht des Fahrzeugs verdichtet, was für eine lange Haltbarkeit der Piste sorgt.

Fräse

Mit der Fräse werden größere Schneeknollen zermahlen und die obere Schneeschicht nochmals aufgelockert und durchlüftet. Um der Piste ein gleichmäßiges Pistenbild und das charakteristische Muster zu verleihen, wird zum Schluss mit dem sogenannten Finisher über die Schneedecke gestrichen.

Langlaufloipen werden mit speziellen Heckanbaugeräten präpariert und gespurt. Diese bestehen aus zwei Spurplatten mit jeweils einer Fräse, die hinter der eigentlichen Fräse angebracht werden.

Ein **Funpark** ist ein Freestyle-Gelände mit Hindernissen wie Sprüngen und Halfpipes. Beim Bau müssen manchmal zuerst Erdhügel aufgeschüttet oder Holzkonstruktionen gebaut werden. Danach werden mithilfe modernster Messgeräte Pläne und 3D-Präsentationen angefertigt. Sobald ausreichend Schnee vorhanden ist, wird der Plan mit Pistenfahrzeugen, die mit einer Pipe-Fräse und speziellen Shapern ausgestattet sind, umgesetzt.

Ski-doo mit Totmanneinrichtung

Ein **Schneemobil**, auch Motorschlitten genannt, wird mit einem Motor angetrieben, wobei die Motorkraft auf eine Kette aus Gummi übertragen wird. Gesteuert wird das Schneemobil über lenkbare Stahlblechski und durch Verlagerung des Körpergewichts.

So gut wie immer ist eine **Totmanneinrichtung** an den Fahrzeugen vorhanden. Dabei handelt es sich um ein **Band**, das das Fahrzeug mit dem Fahrer verbindet. Wird dieser Kontakt getrennt, weil der Fahrer z. B. vom Fahrzeug fällt, schaltet sich der Motor automatisch ab.

Der erste moderne Motorschlitten wurde vom Hersteller Bombardier **Ski-dog** (dt. Schneehund) getauft. Aufgrund eines Schreibfehlers hat sich der Name **Ski-doo** eingebürgert.

Schneemobile werden als Transportmittel und zur Pistenrettung eingesetzt. Es gibt aber auch Schneemobil-Safaris und Wettbewerbe, meist in den Disziplinen Geschwindigkeit und Freestyle.

SPECIAL !?!

Der Vorläufer der heutigen Motorschlitten hatte einen Propellerantrieb. Dieser sogenannte **Aerosani** wurde um 1903 in Russland entwickelt.

Funpark in Laax (CH)

Brennerautobahn bei Atzwang, Eisacktal (I)

STRASSEN

STEIL UND KURVENREICH

Die Alpen ein Verkehrshindernis? Das war einmal! Heute sind die Alpen das am besten erschlossene Hochgebirge.
Seitdem Europa besiedelt ist, haben Menschen die Alpen überquert. Zahlreiche Funde aus der Steinzeit zeugen von einer intensiven Nutzung der Gebirgsübergänge. Übergänge wie der Brenner wiesen einst freilich nur die Dimension eines Saumpfads auf.
Die römischen Straßen verfügten bereits über einen stabilen Straßenkörper. Eindrucksvoll sind die Kunstbauten der neueren Passstraßen und der großen alpenquerenden Straßen. Die zunehmende Nutzung des Alpenraums als Erholungs- und Transitraum führte zu einem drastisch erhöhten Verkehrsaufkommen, was nicht ohne negative Folgen für Mensch und Umwelt blieb.

Aus der Geschichte der Alpenstraßen

Der Ausbau eines Wegs oder einer Straße richtet sich danach, von wem und wie er genutzt wird.

Als Jäger und Sammler 10.000–5.500 v. Chr. begannen, ihre Produkte über die Pässe hinweg auszutauschen, entstand durch die ständige Benutzung der **Trampelpfade** im Laufe der Jahrtausende das erste Wegenetz in den Alpen. Um die kaum passierbaren Schluchten zu umgehen, verliefen die Wege hoch oben im Gebirge.

SPECIAL !?!

Die wohl legendärste Alpenüberquerung der Geschichte gelang dem **Karthagerführer Hannibal** 218 v. Chr. Um einen Kriegsvorteil zu erzielen, wollte Hannibal Rom aus dem Norden angreifen. Deshalb zog er von Grenoble aus über den Alpenhauptkamm nach Turin. Von seinem gewaltigen Heer mit mehr als 50.000 Soldaten erreichten aber nur 20.000 und von den 37 Kriegselefanten kein einziger die Po-Ebene.

Auf den Saumwegen wurden unter anderem Salz und Metalle aus den inneralpinen Bergwerken über die Alpen transportiert.

Mit dem Aufblühen des Handels ab dem 11. Jahrhundert entstanden neue Verbindungen. Die sogenannten **Saumwege** wurden von den lokalen Bauern mit Saumtieren (Lastentieren) begangen und ausgebaut. Im Gegensatz zu den wenigen Hauptverbindungen der Römer gab es nun über 300 Passübergänge, die über gestufte Pfade, Holzstege und Steinbrücken führten.

Teilstück der Großglockner-Hochalpenstraße (A) zwischen 1930 und 1935

Mit dem Bau von **befestigten Passstraßen** und den ersten alpenquerenden Eisenbahnen im 19. Jahrhundert ging das Saumwesen zu Ende. Manchmal wurden ehemalige Saumwege ausgebaut. Der Belag bestand aus Pflastersteinen oder aus verdichtetem Schotter, denn nun sollten Kutschen, Lastenfuhrwerke und die ersten Autos über die Straßen rollen können.

*Der **Tremalzopass** (I) wurde im sogenannten Gebirgskrieg während des Ersten Weltkriegs angelegt.*

Tausende von Kilometern an **Militärstraßen**, gebaut zwischen 1880 und 1939, durchziehen den Alpenbogen. Damit wurden strategische Stellungen zugänglich, die ganze Täler kontrollieren konnten.

Die Wege hatten eine gleichmäßige Steigung, waren mit Steinen und Stützmauern befestigt und mindestens einen Meter breit, um selbst schwere Geschütze bis auf Berggipfel transportieren zu können.

Karawanken-Autobahn A11 (A)

Die Motorisierung ab den 1920er-Jahren, die wachsende Wirtschaft und der zunehmende Touristenstrom nach dem Zweiten Weltkrieg erforderten ein neues **Fernstraßennetz**: moderne Passstraßen und alpenquerende Autobahnen. Große Erdbewegungen, Felsausbrüche sowie widerstandsfähiger Asphalt machten es möglich, Straßen zu bauen, die dem enormen Strom an Pkws und Lkws standhalten konnten.

Das **erste befestigte Straßennetz** durch die Alpen bauten **die Römer**. Dabei verfolgten sie vor allem kriegerische Interessen, nämlich die Eroberung der Gebiete nördlich der Alpen. Sie bauten widerstandsfähige und breite Hauptverbindungen, die mit Streitwagen befahrbar waren, zum Beispiel die **Via Claudia Augusta** über den Reschenpass und die **Via Raetia** über den Brennerpass.

Aufbau einer römischen Straße

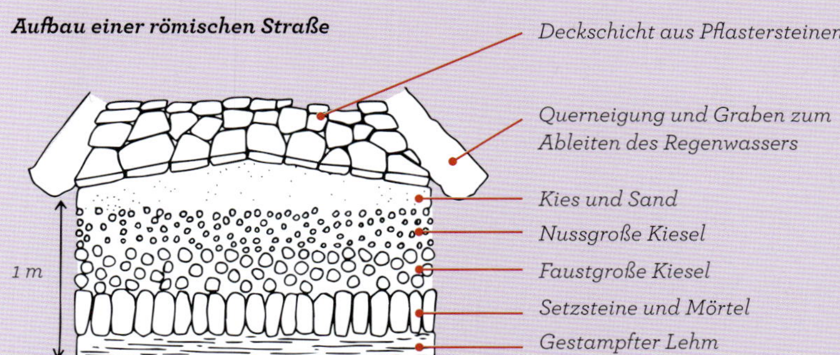

Straßen bis zum Gipfel

Stilfser-Joch-Straße (I)

Hubert Sattler (1817–1904): „Die Kunststraße über das Stilfser Joch mit dem Ortler" (1861)

Passstraßen gehören zu den **spektakulärsten Straßen Europas**, dies gilt für die Straßenbautechnik wie für die hochalpine Landschaft, in die sie eingebettet sind. Beim Bau von Straßen im Gebirge müssen **viele Höhenmeter** und oft eine zerklüftete Landschaft überwunden werden. Hinzu kommen die ständig **drohenden Naturgefahren** wie Steinschlag, Muren und Lawinen.

Passübergänge wurden seit jeher genutzt und ausgebaut, um Handel zu treiben oder ein militärisches Interesse zu verfolgen. Heute sind die Passstraßen vor allem für den Personenverkehr und den Tourismus interessant.

Trassierung

Bei Straßen im Gebirge ist die Planung sehr aufwendig, denn es muss ein Straßenverlauf, auch Trassierung genannt, gefunden werden, der sich **an das Gelände anpasst**: das heißt möglichst geringe Steigung, nicht zu enge Kurven, so wenig Felsausbruch und Erdbewegungen wie möglich. Außerdem sollte die Beeinträchtigung für die dort lebenden Menschen und Tiere weitgehend vermieden werden.

Deswegen wurden und werden häufig bestehende Wege erweitert und ausgebaut.

Serpentinen

Straßen im Gebirge werden oft in Serpentinen angelegt. Der Name kommt vom lateinischen *serpens* – Schlange – und beschreibt den schlangenförmigen, in **Kehren** angelegten Weg. So wird zwar die Strecke im Vergleich zu einer direkten Verbindung um ein Vielfaches verlängert, eine Serpentine macht es aber möglich, den Höhenunterschied mit geringeren Steigungen zu überwinden.

Großglockner-Hochalpenstraße (A)

Schöne Aussichten – Panoramastraßen

Die Großglockner-Hochalpenstraße ist eine Panoramastraße, die teilweise den Spuren von Kelten, Römern und Säumern folgt. Sie wurde 1935 für den Autoverkehr eröffnet. Damals noch Schotterstraße, heute nach modernen Standards befestigt und asphaltiert, wird sie den Anforderungen von 900.000 Besuchern pro Saison gerecht. Auf 48 Kilometern führt sie mit 36 Kehren und einer Steigung von 6 bis 12 % auf 2.504 Meter Höhe ins Herz des Nationalparks Hohe Tauern, hin zum höchsten Berg Österreichs, dem Großglockner (3.798 m) mit seinem Gletscher, der Pasterze.

Als reine **Panoramastraße** wurde die **Deutsche Alpenstraße**, auch Queralpenstraße genannt, in den 1930er-Jahren gebaut. Aufgrund des verstärkten Aufkommens von Autos und des alpinen Tourismus wurden solche Straßen als touristische Attraktionen seit Anfang des 20. Jahrhunderts errichtet. Heute führt die Queralpenstraße auf einer 450 Kilometer langen Strecke von Westen nach Osten, an den **Bayerischen Alpen** und einer Reihe von touristischen Attraktionen entlang.

Steigung in Prozent

Steigung bei Passstraßen max. 15 %, bei Autobahnen max. 6 %. Mit 35 % ist der Rafensteinweg bei Bozen (I) eine der steilsten Straßen Europas.

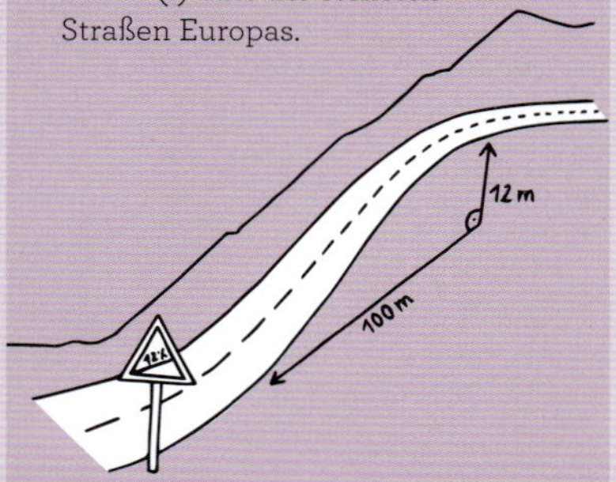

Die Steigung einer Straße wird üblicherweise in Prozent angegeben. Eine Steigung von 12 % bedeutet, dass die Straße pro 100 Meter in waagrechter Richtung um 12 Meter an Höhe gewinnt.

Kehren

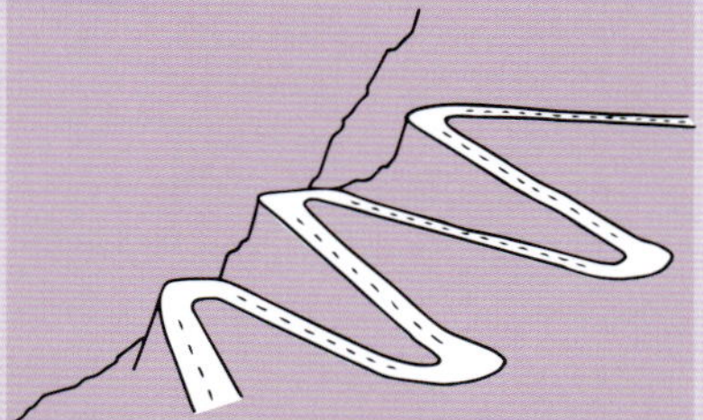

Kehren sind enge Kurven, die aufgrund ihrer Ähnlichkeit mit einer Haarnadel auch Haarnadelkurven genannt werden. Kehren werden dann gebaut, wenn ein Gefälle überwunden werden muss, die Steigung aber nicht zu groß sein soll.

Höchste Straßenbaukunst demonstriert die kühne Trassenführung der Südrampe zum Passo San Boldo in Venetien (I). Den Pass erreicht man über sechs Brücken und fünf Kehrtunnel, die in die nahezu senkrechten Felswände gesprengt wurden.

Befestigt, ausgebaut und sicher

Kunstbauten sind im Straßenbau Bauten, die die Straße befestigen, vor Naturgefahren sichern oder unwegsames Gelände erschließen. So werden zum Beispiel **Stützmauern** berg- und talseits gebaut, um die notwendige Breite zu erreichen und eine Unterspülung durch Gewässer zu verhindern. **Galerien**, tunnelähnliche Konstruktionen, deren talseitige Wände offen bleiben, schützen die Straße vor Steinschlag, Muren und Lawinen. **Brücken und Tunnel** machen Abkürzungen möglich sowie generell den Bau von Straßen in einer sonst unzugänglichen Landschaft.

SPECIAL !?!

Schotter, Teer und Asphalt

Die ersten Straßen für den Autoverkehr hatten eine Schotterdecke. Die Staubentwicklung und die Abnutzung waren enorm. Anfang des 20. Jahrhunderts begann man die Deckschicht mit Teer zu binden. Heute werden Straßen nicht mit Teer, sondern mit Asphalt bedeckt. Teer wird aus Steinkohle gewonnen und gilt als stark gesundheitsgefährdend. Asphalt ist eine Mischung aus Mineralstoffen (Kies und Splitt) und dem Bindemittel Bitumen, das aus Erdöl gewonnen wird.

SPECIAL !?!

Bagger bahnt Panoramastraße!
Die **Silvretta-Hochalpenstraße** entstand 1954 durch einen Zufall. Aus der Zeit des Staumauerbaus befand sich auf dem Pass noch ein übergroßer Bagger. Anstatt in Einzelteilen zerlegt und per Seilbahn ins Tal geschafft zu werden, kam er in voller Funktion zum Einsatz und bahnte sich innerhalb von drei Jahren einen Weg durch das Hochtal nach Galtür. Dadurch war eine **durchgehende Trasse** entstanden, die in den darauffolgenden Jahren zur Panoramastraße ausgebaut wurde.

Querneigung

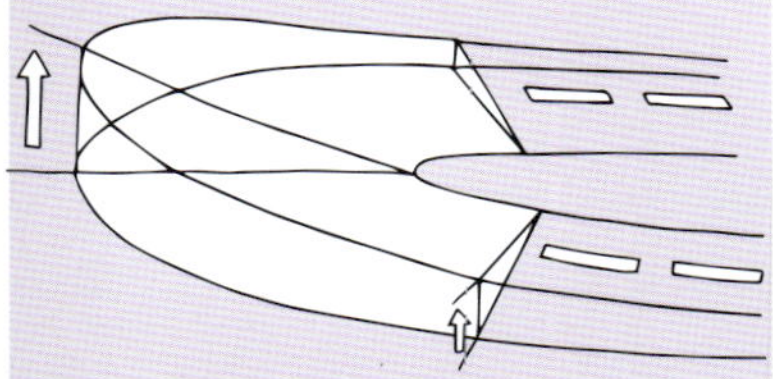

Die Querneigung ist die **Schräge** der Straßendecke zum Seitenrand hin. Die Neigung lässt das Regenwasser schnell abfließen. Außerdem wird durch eine größere Querneigung in der Kurve die Fliehkraft besser abgefangen. Damit soll ein Rutschen oder Kippen des Fahrzeugs nach außen vermieden werden.

Straßen im Winterschlaf

Viele Passstraßen sind über die Wintermonate **gesperrt**. Im Frühjahr werden sie mithilfe von Schneefräsen geräumt, dabei können meterhohe Schneewände auf der Hangseite stehen bleiben. Haben Frost oder Lawinen die Straßen beschädigt, müssen sie **ausgebessert** oder stückweise total **saniert** werden.

Schneeräumung auf der Großglockner-Hochalpenstraße (A)

Direkt und schnell

Moderne Transitstraßen

Mitte des 20. Jahrhunderts verzeichnete der Transitverkehr durch die Alpen einen massiven Anstieg. Gründe dafür waren der **Siegeszug des Automobils** – Autos für jeden! – und der steigende **Tourismus**. Zusätzlich sorgten der **wirtschaftliche Aufschwung**, die Verflechtung internationaler Märkte und die zunehmende Arbeitsteilung im Produktionsbereich für eine enorme Zunahme des Güterverkehrs. Die Verantwortlichen reagierten darauf mit dem Aus- und Neubau von **überregionalen Verkehrsstraßen**, den modernen Transitstraßen. 1972 wurde die Brennerautobahn als erste durchgehende alpenquerende Autobahn fertiggestellt.

Werbung für die erste Autobahn durch die Alpen: Einfach und schnell in den Süden!

Autobahnen dürfen keine engen Kurven und keine großen Steigungen aufweisen. Durch ein enges Tal können sie nur mithilfe zahlreicher Kunstbauten, wie Brücken, Viadukte, Galerien und Tunnel, geführt werden.

Südportal des Monte-Ceneri-Tunnels auf der Gotthard-Route (CH)

Lkw-Stau am Brenner

So viel Verkehr!

Im Gebirge ist die Straßenplanung nicht nur durch den technischen Aufwand schwierig, sondern auch in Bezug auf den Umweltschutz. Die Flächen, die genutzt werden können, sind begrenzt. Straßen aber brauchen viel Boden und das führt zu einer starken Veränderung und Beeinträchtigung der Landschaft. Zudem erschweren die engen Täler den Luftaustausch und erhöhen die Schallreflexion, was zu erhöhter Luftverschmutzung und Lärmbelastung führt.
Erschwerend kommt hinzu, dass sich der Transitverkehr auf einige wenige Routen konzentriert, die zugleich durch den touristischen Verkehr und den Eigenverkehr stark beansprucht werden. Das führt zu einer Doppel- und Dreifachbelastung.

Schutz vor Überbelastung – eine gemeinsame Sache

Mit dem Verkehrsprotokoll der Alpenkonvention versuchen die Alpenstaaten zwei entgegengesetzte Interessen zu verbinden: die Erreichbarkeit und Passierbarkeit der Alpen mit dem Schutz dieses Lebensraums. So wurde zum Beispiel vereinbart, auf den Bau von neuen alpenquerenden Autostraßen zu verzichten, dafür aber die Eisenbahnverbindungen auszubauen.
Mit dem Brenner-Basistunnel zwischen Österreich und Italien und der Neuen Eisenbahn-Alpentransversale (NEAT) in der Schweiz soll der Transitverkehr auf der Straße zugunsten des Schienenverkehrs reduziert werden.

Eigenverkehr, touristischer Verkehr und Transitverkehr

Der „Eigenverkehr" entsteht durch die Bewohner selbst und den Gütertransport innerhalb der Alpenregionen. Den „touristischen Verkehr" verursachen die Feriengäste und Tagesausflügler. Der „Transitverkehr" umfasst alle Fahrten von Lkws, Pkws und Zügen, die die Alpen queren.

Alpenkonvention

Seit 1991 gibt es ein Abkommen zwischen allen Alpenstaaten (Deutschland, Frankreich, Italien, Lichtenstein, Monaco, Österreich, Schweiz und Slowenien) und der EU. Es soll die sensible alpine Landschaft schützen und die verschiedenen Interessen der Alpenstaaten und Europas koordinieren. Das Abkommen umfasst verschiedene Bereiche wie Tourismus, Energie und Verkehr.

Ab Mitte des 19. Jahrhunderts wurde in ganz Europa der Personen- und Güterverkehr durch die Eisenbahn revolutioniert. Innerhalb kurzer Zeit entstand ein dichtes Eisenbahnnetz. Es war allerdings eine große technische Herausforderung, dieses Netz auch durch das alpine Gelände zu legen. Die Eisenbahnen verlangen nämlich viel geringere Steigungen und viel größere Kurvenradien im Trassenverlauf als der Straßenbau.

Rhätische Bahn, Landwasser-Viadukt (CH)

EISENBAHNEN

AUF SICHEREM GLEIS

Alpine Eisenbahn-geschichte

Brennerbahn, Kehrschleife St. Jodok (A)

Semmeringbahn mit Rax im Hintergrund (A)

Nordportal am Fréjus (F)

1857: Die **Semmeringbahn** zwischen Mürzzuschlag und Gloggnitz gilt als die erste Gebirgsbahn Europas. Mit diesem Teilstück wurde eine Nord-Süd-Verbindung geschaffen, die von Wien nach Triest führt, nur am Anfang (am Semmering) und am Ende (im Karst) durch die Berge, dazwischen am Alpenrand entlang.

1867 wurde die **Brennerbahn** eröffnet. Sie führt von Innsbruck nach Bozen, quer über den Alpenhauptkamm. Sie folgt kurvenreich dem Silltal und Wipptal über den 1.370 Meter hohen Brennerpass ins Eisacktal. Die hier angewandte Bautechnik, die Trasse ohne große Tunnel und Brücken ins Gelände einzufügen, war beispielgebend für viele Gebirgsbahnen.

1871 wurde die **Mont-Cenis-Bahn** von Lyon nach Turin fertiggestellt. Der 13 Kilometer lange Scheiteltunnel unter dem **Col du Fréjus** lässt schon am Anfang der Eisenbahngeschichte erahnen, dass die Eisenbahn bei der Alpenüberquerung nicht ohne große Tunnel auskommen wird. Auf den Fréjus-Tunnel folgten 1882 der Gotthardtunnel (15 km) und 1884 der Arlbergtunnel (10 km).

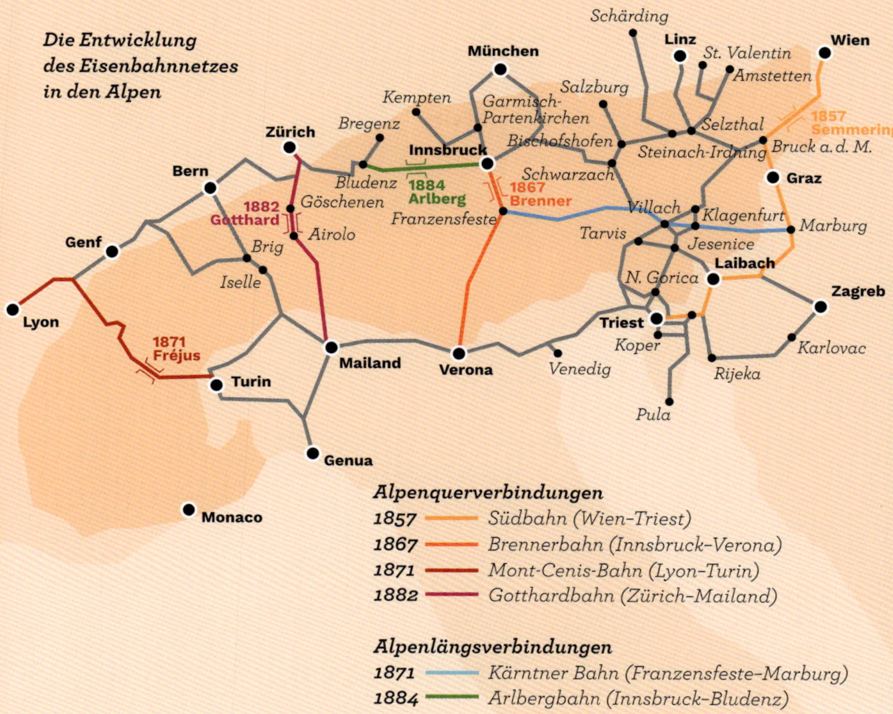

Normalspur – Schmalspur

George Stephenson erkannte 1825 die Bedeutung der Dampfmaschine für die Eisenbahn und ließ Lokomotiven industriell herstellen. Er legte die Spurbreite der Dampflokomotiven auf **1.435 Millimeter** fest. Dieses Maß hat sich dann in Europa als Normalspur durchgesetzt. Auf Nebenstrecken, wo das Gelände für den Eisenbahnbau besonders schwierig war, baute man vorzugsweise die billigeren Schmalspurgleise. Die am meisten verbreitete Schmalspur ist **1.000 Millimeter** breit.

Schmalspurbahn auf dem Ritten (I)

Der Ausbau des Eisenbahnnetzes

Es ist erstaunlich, wie schnell im 19. Jahrhundert die alpenquerenden Verbindungslinien gebaut wurden. Die **Verbindungen zwischen den Wirtschaftsräumen** im Norden und den Häfen im Süden waren wichtig, aber technisch sehr schwierig zu bauen. Die großen Strecken entstanden unmittelbar nacheinander, zunächst Wien–Triest über den Semmering, danach München–Verona über den Brenner, dann folgten Lyon–Turin durch den Fréjus und Zürich–Mailand durch den Gotthard. Als große Ost-West-Verbindungen innerhalb der Alpen wurden die Linien Bregenz–Innsbruck–Salzburg und Franzensfeste–Marburg gebaut.

Eisenbahnnetz der Schweiz

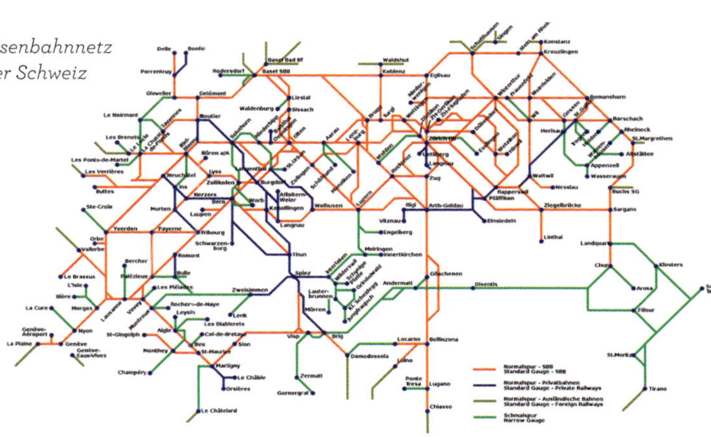

Auch die inneralpinen Landschaften wurden sehr rasch mit einem dichten Netz an Lokalbahnen erschlossen. Dazu beigetragen haben der Alpinismus und der aufkommende Tourismus in den Alpen. Die Berge wurden mit Schmalspur- und Zahnradbahnen erschlossen. So ist in der Schweiz, im unwegsamsten Teil der Alpen mit den höchsten Bergen, das **dichteste Eisenbahnnetz der Welt** entstanden.

Bautechnik

Kehrschleife von Brusio der Rhätischen Bahn (CH

In den ersten 100 Jahren des Eisenbahnbaus waren aufwendige **Kunstbauten** notwendig, um die Eisenbahnschienen im alpinen Gelände verlegen zu können. Haupteisenbahnen können nur **geringe Steigungen** überwinden und müssen **große Kurvenradien** haben. Daher kann man nicht immer den direkten Weg wählen, sondern muss auf längere Strecken ausweichen. Will man die Strecke möglichst eben haben, muss man Einschnitte, Dämme, Stützmauern, Viadukte und Tunnel bauen.

Kehrschleifen und Kehrtunnel

Mit dem Bau von Kehrtunneln und Kehrschleifen können Passhöhen mit geringer Steigung überwunden werden. Die ersten Kehrtunnel wurden auf der Brennerbahnlinie 1867 gebaut. Mittels Kehrschleifen wurde die Bahn in die Seitentäler nördlich und südlich des Brennerpasses umgeleitet. Durch die verlängerte Strecke wurde eine geringere Steigung erreicht. Solche Kehrschleifen haben beim Bau von Gebirgsbahnen vielfach Nachahmung gefunden, in spektakulärer Weise bei der Rhätischen Bahn in der Schweiz.

Steigung bei Eisenbahnen

Der Kraftübertragung durch Haftreibung vom Rad auf die Schiene hat man anfangs nicht viel zugetraut. Der Erbauer der Semmeringbahn hat eine **maximale Steigung von 25 ‰** (= 2,5 %) angenommen und weil dies nicht wissenschaftlich begründet war, wurde er dafür ausgelacht. Doch aufgrund der praktischen Erfahrung haben sich die nachfolgenden Bahnen an diesem Wert orientiert. Die Steigung der **Brennerbahn** beträgt auf der Nordrampe 25 ‰, auf der Südrampe 15–22,5 ‰. Die heutige Richtlinie der **Deutschen Bahn** (DB) akzeptiert eine maximale Steigung von 25 ‰ bei bestehenden Hauptbahnen, bei Neubauten jedoch nur 12,5 ‰.

Die Trasse

Das Fundament des Gleiskörpers wird als **Unterbau** bezeichnet. Damit sind alle Tiefbau-Konstruktionen gemeint, die jene Kräfte aufnehmen, die bei einem fahrenden Zug auf den Gleiskörper einwirken. Dazu gehören Erdbauten (Geländeeinschnitte und Dämme) und Kunstbauten (Stützmauern, Durchlässe und Viadukte). Wichtig sind die sichere Entwässerung des Unterbaus und die Errichtung von Schutzbauten gegen Hochwasser, Steinschlag und Lawinen. Der **Oberbau** (Gleiskörper) wird vom Schotterbett, den Querschwellen und den Schienen gebildet.

Naturstein-Portal Simplontunnel
Vor der Erfindung des Stahlbetons wurden die Kunstbauten häufig in Natursteinmauerwerk ausgeführt, und dies bei unglaublich kurzen Bauzeiten.

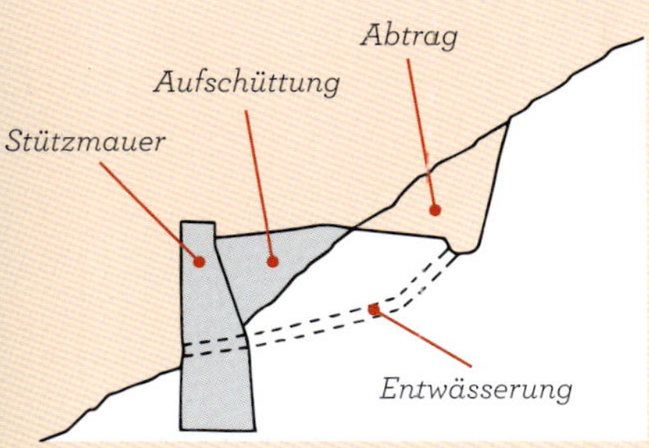

Unterbau einer Eisenbahntrasse

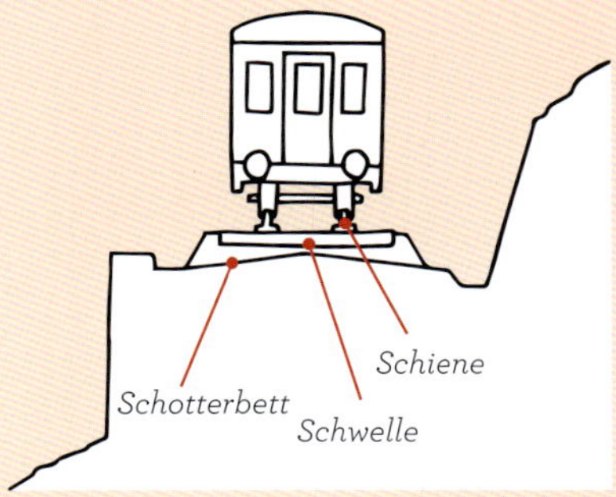

Oberbau mit Waggon im Querschnitt

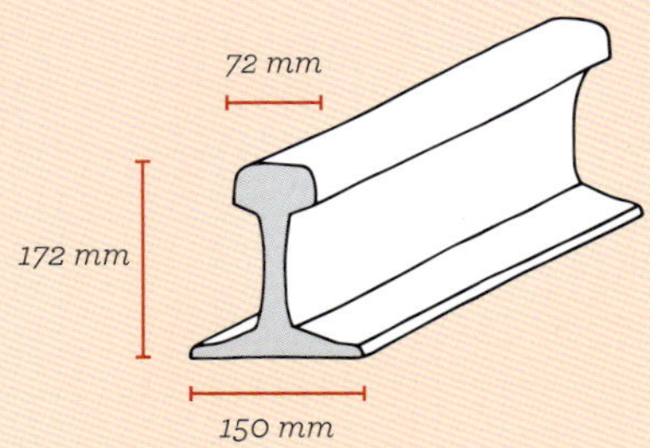

Das Profil der **Breitfußschiene** wurde bereits 1884 entwickelt und ist in unterschiedlichen Größen bis heute üblich. Während die Schienen früher mit Dehnungsfugen verlegt wurden, die das charakteristische Taktgeräusch verursachten, werden sie heute **fugenlos verschweißt**. Da sich der Schotteroberbau unter der Verkehrslast verformt, muss die Maßgenauigkeit der Gleise mit Messwagen regelmäßig überprüft werden.

Kurvenradien von Eisenbahnen

Nach den Richtlinien der DB

Mindest-Kurvenradius	Maximal zulässige Geschwindigkeit
190 m	40 km/h
1.200 m	100 km/h
6.000 m	200 km/h

Brennerbahn > kleinster Kurvenradius: 285 m

Die Dampflokomotive der Gotthardbahn, 1882

Lokomotiven

Mit der Erfindung der **Dampflokomotive** trat die Eisenbahn ihren Siegeszug als neues Massenverkehrsmittel an. Der Dampf hat 100 Jahre lang die Eisenbahnen angetrieben. Dampfloks waren stark und zuverlässig, ihr großer Nachteil aber war, dass sie Stunden zum Vorheizen brauchten und Luft und Gebäude verschmutzten.

In den Alpenländern wurden die Dampflokomotiven schon früh von **Elektrolokomotiven** verdrängt, denn die Wasserkraftwerke lieferten günstigen Strom. Dazu kam, dass die Elektroloks auf den steigungsreichen Strecken stärker und belastbarer waren.

SPECIAL !?!

Frühe Elektrifizierung in den Alpen

1902 wurde die Strecke von Lecco nach Sondrio im Veltlin (ital. Valtellina), einem kleinen Tal am Südrand der Alpen (I), als erste der Welt mit Hochspannungs-Dreiphasenwechselstrom elektrifiziert. Dafür wurde sogar ein betriebseigenes Kraftwerk gebaut. Es wurden sowohl Lokomotiven als auch Triebwagen eingesetzt.

Lokomotive der Valtellina-Bahn, 1902

Dieseltriebwagen der Tendabahn (I/FR)

Mit der Erfindung des Dieselmotors und der Verwendung von Erdöl als Energiequelle löste der Dieselmotor die Dampfmaschine ab. **Diesellokomotiven** sind viel flexibler einsetzbar. Während die Diesellok vor allem in den USA eine große Konkurrenz für die Dampflok wurde, hat sie sich in den Alpenländern nur auf manchen Nebenlinien behauptet, und hier vorwiegend als **Dieseltriebwagen**.

Güterzug und Triebwagenschnellzug

Wurden 100 Jahre lang Personen- und Güterzüge mit denselben Lokomotiven gezogen, so wurden ab der zweiten Hälfte des 20. Jahrhunderts für den Personenverkehr vermehrt Triebwagengarnituren eingesetzt. Triebwagen sind Personenwaggons, die über einen eigenen Motor verfügen und deswegen keine Lokomotive benötigen. Daraus haben sich die **Hochgeschwindigkeitszüge** entwickelt. Güter werden hingegen zunehmend auf **Containerzügen** mit starken Lokomotiven befördert.

Güterzug der Schweizerischen Bundesbahnen

Triebwagenschnellzug der Gotthardbahn

Die Alpentransversalen

Durch den wirtschaftlichen Aufschwung ab 1950 nahm der Transitverkehr insbesondere auf der Straße deutlich zu. Dies führte zu enormen Belastungen für Mensch und Umwelt. Besonders betroffen sind die Brenner-, Gotthard- und Mont-Blanc-Route, auf diese drei Übergänge konzentrieren sich fast 70 % des alpenquerenden Güterverkehrs mit Lkws. Die Alpenkonvention 1995, ein europäisches Abkommen zwischen den Anrainerstaaten zum Schutz der Alpen, unterstützt den Ausbau umweltfreundlicher Eisenbahnlinien. Die vier Bahnlinien, die als erste den Alpenhauptkamm überquerten, sollen durch den Bau von Basistunneln an das Hochgeschwindigkeitsnetz angeschlossen werden. Für den Güterverkehr erhofft man sich dadurch eine Verlagerung von der Straße auf die Schiene.

Alpenquerender Gütertransport auf der Eisenbahn

Huckepackverkehr, begleitet

Huckepackverkehr, unbegleitet

Containersystem

Rollende Landstraße

Im Huckepackverkehr, bei dem die Lkws auf Eisenbahnwaggons transportiert werden (RoLa, „Rollende Landstraße"), fährt entweder der Fahrer in einem Begleitwaggon mit oder es wird nur der Sattelanhänger verladen. Durch die Einführung des genormten Containers, der auf jeden Sattelschlepper passt, können Güter im Fernverkehr mit der Eisenbahn transportiert und im Nahverkehr mit Lkws verteilt werden.

NEAT

Mit dem Projekt NEAT (Neue Eisenbahn-Alpentransversale) hat die Schweiz 1992 den Ausbau der Transitstrecken geplant. Für die Eisenbahnstrecken Bern–Mailand und Zürich–Mailand sind vier Basistunnel vorgesehen.

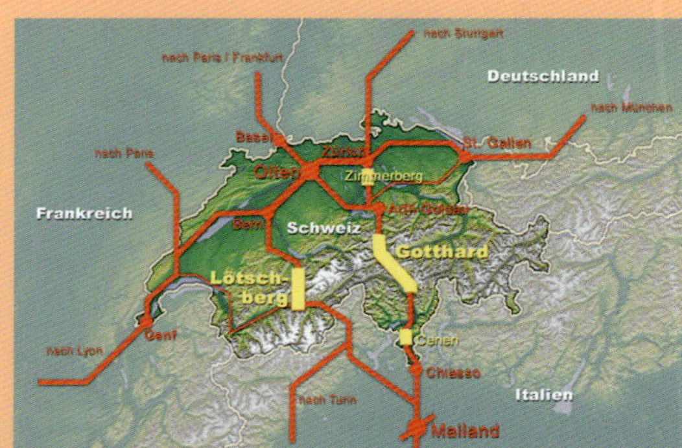

NEAT – Neue Eisenbahn-Alpentransversale

Im Lok-Cockpit durch den Gotthard-Basistunnel

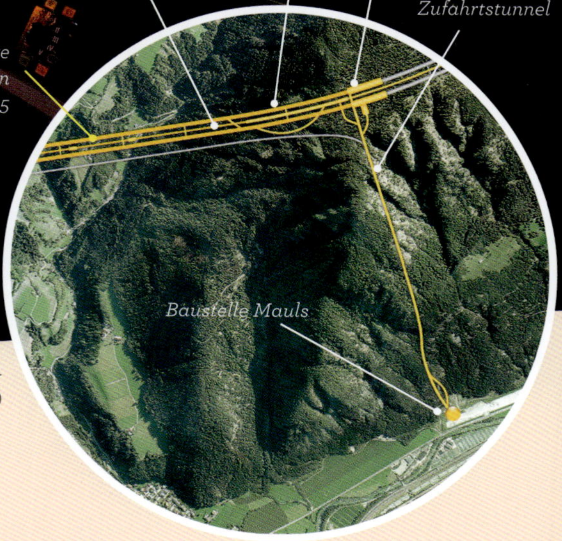

Baustelle des Brenner-Basistunnels bei Mauls (I)

Die Gotthardbahn

Im neuen Gotthard-Basistunnel werden Geschwindigkeiten von 250 km/h mit Personenzügen und 120 km/h mit Güterzügen gefahren. Durch die Reduzierung der Steigung auf 6 ‰ im Tunnel konnte die Zugleistung der Lokomotiven verdoppelt werden. Sechs Güterzüge und zwei Personenzüge pro Stunde und Richtung befahren den Tunnel. Man geht davon aus, dass ab 2020 mehr als 200.000 Lkw-Fahrten pro Jahr zusätzlich auf die Schiene verlagert werden können. Der Basistunnel hat eine Länge von 57 Kilometern und wurde am 1. Juni 2016 eingeweiht.

Die Brennerbahn

40 % des Transitverkehrs durch die Alpen gehen über den Brennerpass. Durch den Ausbau der Bahnlinie München–Verona soll der Güterverkehr auf die Bahn verlagert werden. Das Herzstück dieses Projekts ist der Basistunnel unter dem Brennerpass von Innsbruck nach Franzensfeste.

Er hat eine Länge von 55 Kilometern und wird voraussichtlich 2026 fertiggestellt. Wichtige Teile des Projekts sind der Ausbau der nördlichen und südlichen Zulaufstrecke. Der Tunnel ist bereits in Bau, die Zulaufstrecken sind geplant bzw. schon fertiggestellt.

Die Mont-Cenis-Bahn

Die Bahnlinie Lyon–Turin ist für den europäischen Güterverkehr besonders wichtig, denn hier kreuzen sich die Eisenbahnlinien Amsterdam–Paris–Mailand und Lissabon–Budapest. Die Neubaustrecke ist insgesamt 140 Kilometer lang, internationaler Mittelteil ist der Mont-Cenis-Basistunnel mit einer Länge von 57 Kilometern und voraussichtlicher Fertigstellung 2026. Gegner des Projekts befürchten Umweltschäden für das norditalienische Susa-Tal.

Landschaftsplan der Semmeringbahn

Mit dem Zug fahren

Der Erbauer der Semmeringbahn Carl Ritter von Ghega hat die Trasse nicht nur nach verkehrstechnischen Kriterien gewählt, sondern auch aus einem romantischen Naturverständnis heraus: Er hat für die Fahrgäste das Erleben der Landschaft mit eingeplant.

Langsam und erlebnisreich

Die Eisenbahnen innerhalb der Alpen wurden auch für den aufkommenden Tourismus gebaut. Die Berge wurden durch Eisenbahnen mit Unterstützung des Zahnradantriebs erschlossen. Die neuen Kurorte sollten nicht nur mit der Bahn erreicht, sondern die Landschaft auf der Fahrt dorthin sollte zum Erlebnis werden. Bei einer – nach heutiger Einschätzung – sehr niedrigen Fahrtgeschwindigkeit war dies auch gut möglich.

Zahnradbahn auf den Gornergrat mit Matterhorn (CH)

Mit der Dampflok durch das Zillertal (A)

Der Glacier-Express verbindet auf einer Panoramafahrt St. Moritz mit Zermatt (CH).

Nostalgie-Fahrten

Nachdem die Eisenbahn über 100 Jahre das wichtigste Verkehrsmittel war, hat sich ab der Mitte des 20. Jahrhunderts das Auto zum Massenverkehrsmittel entwickelt. Eisenbahn-Nebenstrecken wurden stillgelegt. Einige jedoch werden als Erlebnisbahnen für nostalgische Fahrten in spektakulärer Landschaft weitergeführt und die Eisenbahn als modernes Verkehrsmittel ist wieder stark im Kommen. Eisenbahnen und Dampflokomotiven haben heute noch für Jung und Alt eine magische Anziehungskraft. Die Albula- und Berninalinie der Rhätischen Bahn wurde wegen ihrer beeindruckenden Kunstbauten, etwa dem Landwasser-Viadukt und der Kehrschleife von Brusio, 2008 zum Weltkulturerbe erklärt.

Schnell im Verkehrskanal

Heute wird der Komfort an der Kürze der Fahrzeit gemessen. Der Fahrgast schaut auf Bildschirme und nicht auf die Landschaft. Abgesehen von der Fahrt im finsteren Tunnel wird auch auf den oberirdischen Strecken die Aussicht durch Lärmschutzwände verstellt.

Im Gotthard-Basistunnel

TUNNEL

DURCH DEN BERG

Durchbruch im Gotthard-Basis-tunnel (CH/I)

Die Alpen waren seit jeher ein Hindernis zwischen Süd- und Nordeuropa und ein Nadelöhr für den Verkehr. Vor 200 Jahren noch führten steile und gefährliche Wege über das schroffe Gebirge. Der 1854 eröffnete Semmeringtunnel war der erste große Alpentunnel und machte die Strecke von Wien nach Triest zur damals schnellsten Bahnverbindung durch die Alpen.

25 Jahre später wurde der mit 15 Kilometern längste Eisenbahntunnel am Gotthardpass fertiggestellt. Seitdem hat man Tunnel kreuz und quer durch die Alpen gesprengt. Zunächst nur Eisenbahntunnel, nach dem Zweiten Weltkrieg aufgrund des steigenden Autoverkehrs vermehrt auch Straßentunnel. Sie sollen Verkehrswege sowohl abkürzen als auch umweltfreundlicher machen und den steigenden Verkehr bewältigen helfen.

Der Tunnelbau

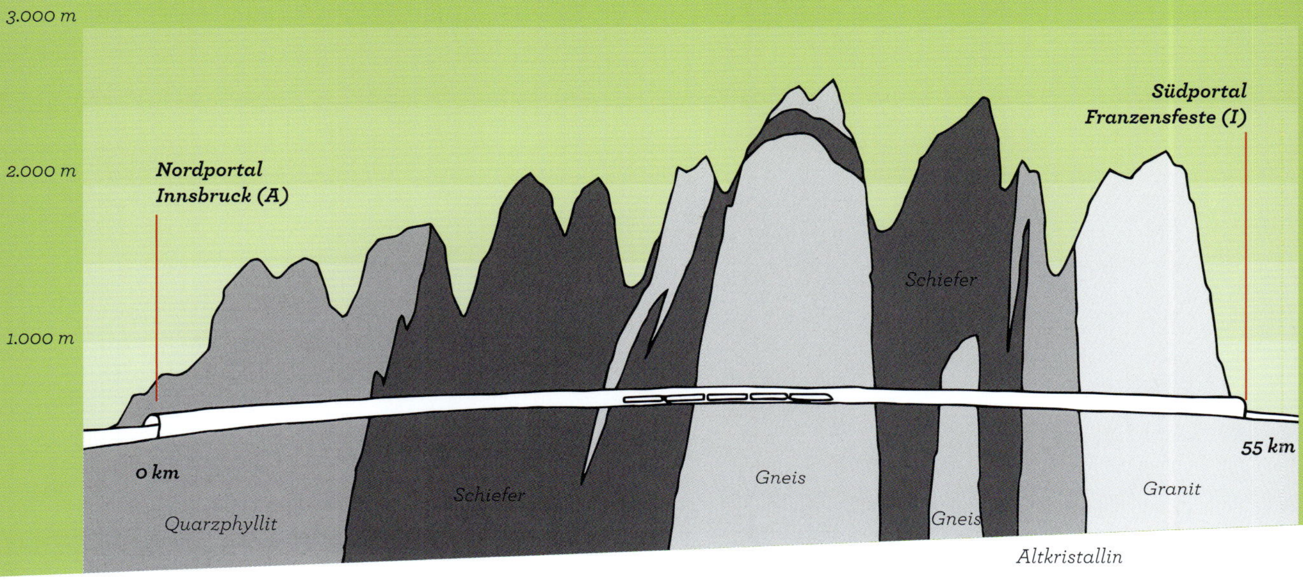

Der Brenner-Basistunnel führt tief unter dem Bergmassiv durch verschiedene Gesteine.

Ein moderner Tunnelbau beginnt zuallererst mit **Erkundungsbohrungen** und Untersuchungen des Gesteins und der Wasserbewegungen im Gestein. **Gefährliche Störungen** sollen dabei erkannt werden. Überraschendes Auftreten von Wasseradern oder ein Wechsel von Hart- zu Weichgestein könnte während des Tunnelbaus Einstürze verursachen. Mithilfe dieser Untersuchungen wird bestimmt, wo genau der Tunnel gebaut werden soll. Erst dann werden detaillierte Pläne und Karten vom Tunnelverlauf angefertigt.

Basistunnel

Ein **Basistunnel** wird im Gegensatz zu einem Scheiteltunnel nicht in den höher gelegenen Regionen, sondern am Fuß, also der **Basis eines Gebirges** gebaut. Ein Basistunnel ist deswegen länger. Das bedeutet, die Bauzeit wird länger, der technische Aufwand größer und der Bau insgesamt teurer. Weil aber der Streckenverlauf eines Basistunnels kerzengerade und fast ohne Steigungen durch den Berg geführt wird, können Personenzüge schneller – bis zu 250 km/h – fahren und Güterzüge doppelt so viel Last wie bisher – bis zu 4.000 Tonnen – transportieren. Der **Gotthard-Basistunnel** in der Schweiz und der **Brenner-Basistunnel** (in Bau) zwischen Österreich und Italien sind Beispiele für solche Basistunnel am Fuß der Alpen.

Sprengen oder bohren?

Ein Tunnel wird je nach Art des Gesteins, Länge des Tunnels und wirtschaftlichen Überlegungen gesprengt oder gebohrt. Da Tunnelbohrmaschinen sehr teuer sind und eine lange Aufbauzeit benötigen, rentiert sich der Einsatz erst bei **längeren Abschnitten** und einheitlichem Gesteinsmaterial. Bei **kürzeren Abschnitten** und bei schwierigem und wechselhaftem Gestein wird meistens gesprengt. Manchmal werden beide Methoden angewandt.

Sprengung im Brenner-Basistunnel (A/I)

Ein Tunnel wird gesprengt

1. Zuerst bohren mächtige Vortriebsbohrwagen mit Spezialbohrern meterlange Löcher in die Tunnelwand, die sogenannte Ortsbrust. Die Löcher werden geladen, d. h. mit Sprengstoff und Zündern gefüllt und dann fest verschlossen.

5. Um die Wände zu sichern, setzt der Vortriebsbohrwagen Anker und befestigt Stahlmatten an den Tunnelwänden, das Betonspritzmobil verputzt die Wände mit Spritzbeton.

3. Ventilatoren saugen die Sprenggase aus der Röhre und versorgen den Vortriebsbereich mit Frischluft (Bewetterung).

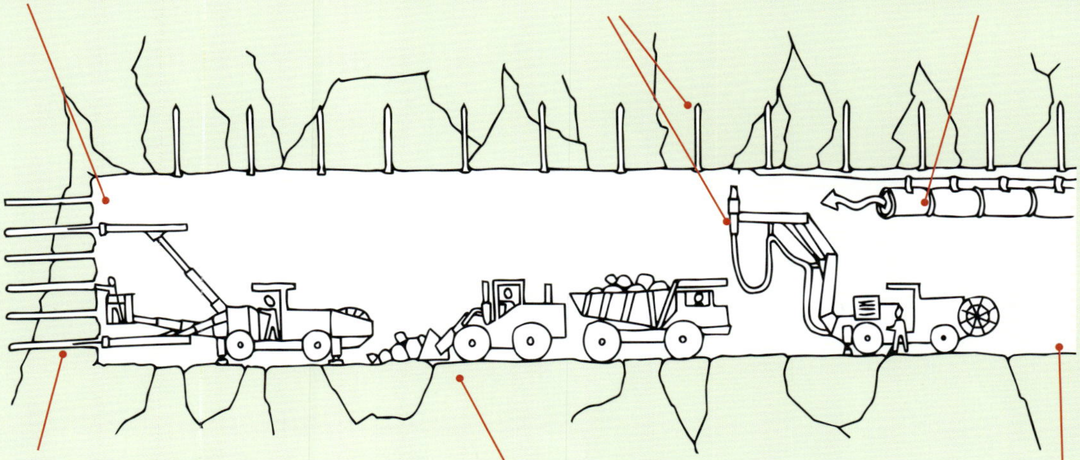

2. Nachdem das ganze Baugelände evakuiert worden ist, wird gesprengt. Meist wird der Sprengstoff in der Mitte zuerst gezündet, Sekundenbruchteile später die umliegenden Ladungen, um das gewünschte Tunnelprofil zu erhalten.

4. Die herausgebrochenen Felsbrocken werden von Radladern aufgenommen und von Muldenkippern oder Förderbändern abtransportiert.

6. Sind die Arbeitsschritte des Sprengvortriebs beendet, beginnt der Vorgang von Neuem. Durchschnittlich vier Meter Vortrieb werden an einem Arbeitstag geschafft.

Hightech-Maulwürfe

Eine **Tunnelbohrmaschine (TBM)** ist eine mobile Bohrfabrik, die aus einem **Bohrkopf** und einer **Nachläuferkonstruktion** besteht. Mit der TBM kann gleichzeitig gebohrt, das lose Gestein abtransportiert und der Tunnel ausgesichert werden. Dadurch kann der Tunnel je nach geologischen Bedingungen bis zu 40 Meter pro Arbeitstag vorgetrieben werden. Es gibt verschiedene Tunnelbohrmaschinen, die je nach Anforderung unterschiedlich konstruiert und ausgestattet sind. Bei weichem oder brüchigem Gestein wird eine **Schild-TBM** benützt. Beim Bau des Gotthard-Basistunnels kamen sogenannte **Gripper-TBM** zum Einsatz, die für Hartgestein geeignet sind.

Wie funktioniert die Gripper-TBM?

Von der Führerkabine aus bedient der TBM-Fahrer die Maschine und kontrolliert den Vortrieb.

Zusammen mit dem Nachläufer kann die TBM eine Länge von 60 bis 450 Metern erreichen. Der Nachläufer trägt u. a. die Strom- und Druckluftversorgung der Maschine, das Abraumband, das Material für die Aussicherung, die Belüftungsanlage und die Hilfseinrichtungen wie Feuerlöscher und Toiletten.

Hinter dem Bohrer wird der Tunnel sofort abgesichert: Mit dem Ringerektor werden Stahlbögen installiert, das Ankerbohrgerät bohrt Löcher für die mächtigen Sicherungsanker und das Mattenversetzgerät montiert Stahlmatten an die Anker.

Das Abraumband transportiert das abgebaute Gestein bis zum Ende des Nachläufers. Mit weiteren Förderbändern oder Lastwagen wird der Ausbruch aus dem Tunnel gebracht.

Mit riesigen „Spritzpistolen“ wird eine dicke Betonschicht zur Sicherung auf die Felswand gespritzt.

Räumer befördern das lose Gestein, kleine, flache Splitter, hinter den Bohrkopf auf ein Förderband.

Das Kernstück der großen Tunnelbohrmaschine ist der Bohrkopf. Er besteht aus einer haushohen Metallscheibe, die mit rund 60 Rollenmeißeln besetzt ist. Der Durchmesser des Bohrkopfs bestimmt die Größe der Tunnelröhre.

Riesige Motoren lassen den Bohrkopf langsam, mit sechs Umdrehungen in der Minute, rotieren. Gleichzeitig drücken hydraulische Pressen den Bohrkopf mit einer Kraft von Tausenden von Tonnen gegen die Ortsbrust.

Gripper, mächtige Stahlplatten, spreizen sich seitlich gegen die Felswand, damit die TBM vorwärtsgeschoben werden kann. Nach einigen Metern Vortrieb werden die Gripper gelöst und die Maschine wird nachgezogen. Die Gripper spreizen sich erneut und die Bohrung geht weiter.

SPECIAL !?!

Enormer Druck!

Unabhängig von der Vortriebsmethode sind die meisten Tunnel halbbogenförmig oder ganz rund, denn durch die runde Form wird der enorme Druck, der auf die Tunnelwände einwirkt, am besten verteilt. Über einem Tunnel kann sich ein mehrere Hundert Meter oder sogar Tausende Meter dickes Bergmassiv befinden.

Endlagerung beim Bau des Ceneri-Basistunnels (CH)

Der Ausbruch

Beim Bau eines Tunnels wird jede Menge Gesteinsmaterial herausgebrochen. Dieser Ausbruch kann bei Megaprojekten wie dem 57 Kilometer langen Gotthard-Basistunnel (GBT) schon mal 28 Millionen Tonnen Gestein ausmachen. Ein Teil davon, beim Gotthard-Basistunnel grob ein Drittel, kann **wiederverwendet** werden. Das Gestein wird zu Sand und Kies zerkleinert und bei der Herstellung von Beton verwendet. Dieser wird dann bei der Aussicherung und beim Ausbau des Tunnels eingesetzt. Der Rest des Ausbruchs wird an geeigneten Stellen **endgelagert**.

GBT & BBT im Vergleich

Längster Eisenbahntunnel der Welt

	Eröffnung	Länge	TBM-Vortrieb	Sprengvortrieb	Maximale Gebirgsüberlagerung	Funktion	Anzahl
Gotthard-Basistunnel	2016	57 km	64 %	36 %	2.300 m	Eisenbahn	2 Hauptröhren
Brenner-Basistunnel	2026	55 km	70 %	30 %	1.800 m	Eisenbahn	2 Hauptröhren

*Das **Tachymeter** kann mithilfe von Lichtstrahlen (Infrarot-Wellen oder Laser) Abstand, Höhe und Winkel von Punkten im Raum messen und aufzeichnen.*

Die Kunst, sich in der Mitte zu treffen

Manche Tunnel werden aus zwei Richtungen gebohrt. Bei älteren Tunnelprojekten konnte es passieren, dass man mehrere Meter aneinander vorbeigegraben hat. Heute beträgt die Abweichung meist nur wenige Zentimeter. Satellitenortungssysteme **(GPS = Global Positioning System)** über dem Baugebiet und weitere hochgenaue **Vermessungsgeräte**, wie z. B. ein **Tachymeter**, halten die Bohrmaschinen auf Kurs und machen ein exaktes Aufeinandertreffen bzw. einen punktgenauen Austritt aus dem Berg möglich.

SPECIAL !?!

Voll ins Schwarze

Beim Bau des Gotthard-Basistunnels erzielten die Ingenieure einen Durchbruch mit einer Abweichung von nur wenigen Zentimetern. Bei Tunnelbohrmaschinen mit Durchmessern von acht Metern, die erst nach 14 Kilometern aufeinandertreffen, kommt das der Zielsicherheit eines Scharfschützen gleich, der aus zwei Kilometer Entfernung eine Ein-Euro-Münze trifft.

Ausbau und Sicherheit im Tunnel

Nachdem der Tunnel ausgebrochen und gesichert worden ist, folgt der aufwendige Ausbau der Eisenbahntrasse oder Straße, die Installation von Beleuchtung und Belüftung sowie weiterer Sicherheitsvorrichtungen.

Zusätzlich zum Haupttunnel werden Mittel- und Zufahrtstollen gebaut, die während der Bauzeit als Erkundungs- und Versorgungsstollen dienen. Sobald der Tunnel in Betrieb ist, werden sie auch als Fluchtwege genutzt.

Sicherer durch Kurven

Straßentunnel stellen in der Sicherheitsfrage eine besondere Herausforderung dar. Bei schnurgeraden und dunklen Tunneln kann die **Aufmerksamkeit der Fahrer** schnell nachlassen. Leichte Kurven und eine durchgehende Beleuchtung sollen das verhindern helfen.

Zahlreiche **Frisch- und Abluftventilatoren** garantieren, dass die gewaltigen Abgasmengen abgeführt und durch Frischluft ersetzt werden. Eine unabhängige Stromversorgung sorgt dafür, dass zumindest ein Teil der Beleuchtung und der Lüftung immer funktionstüchtig ist.

Entlang der gesamten Strecke werden in regelmäßigen kurzen Abständen verschiedene **Sicherheitseinrichtungen** eingebaut, z. B. Videokameras, Rauchmelder, Anzeigetafeln, Lautsprecher, Nothaltebuchten, Notruftelefone, Handfeuerlöscher und Schutzräume.

Ausbau des Gotthard-Basistunnels (CH/I)

Und wenn es brennt?

Bei einem Tunnelbrand können sich gefährliche **Rauchgase** entwickeln und die Temperatur kann innerhalb kürzester Zeit auf über **1.000° C** ansteigen. Sicherheitsvorkehrungen retten im Unglücksfall Leben und sind deshalb ein wichtiger Aspekt des Tunnelbaus. Sie richten sich nach dem Konstruktionstyp des Tunnels und danach, ob es sich um einen Straßen- oder Eisenbahntunnel handelt.

Bei Tunneln mit zwei separaten Röhren dienen in regelmäßigem Abstand errichtete Querschläge zur benachbarten Tunnelröhre als **Fluchtwege**. Bei sehr langen Tunneln, etwa einem Basistunnel, bieten extra installierte **Nothaltestellen** zusätzliche Sicherheit. Die Zufahrtsstollen, die die Nothaltestellen mit dem Außenbereich verbinden, dienen sowohl als Fluchtweg als auch zur Frischluftversorgung.

SPECIAL !?!

Löschroboter

Techniker und Forscher tüfteln und entwickeln immer wieder neue Sicherheitstechniken, z. B. ferngesteuerte Löschroboter. Sie bewegen sich auf Ketten oder Schienen und sind mit Sensoren und Löschvorrichtungen ausgestattet.

Evakuierung über eine Nothaltestelle

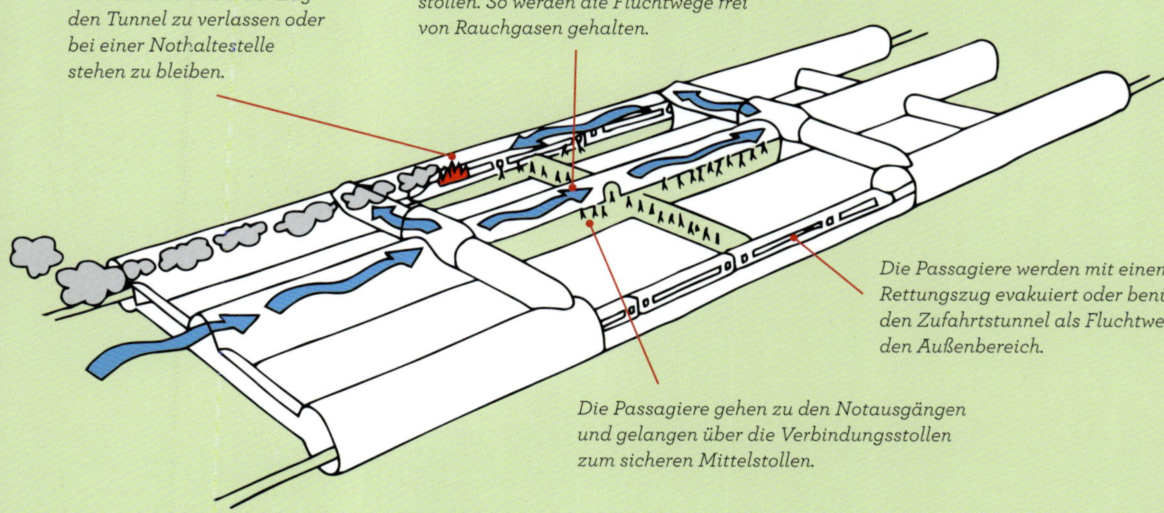

BRÜCKEN

ÜBER SCHLUCHTEN UND TÄLER

Brücken helfen seit jeher, Wege zu verkürzen und Hindernisse zu überwinden. Inspiriert von der Natur, zum Bespiel einem umgefallenen Baum, der eine Schlucht überspannt, bauten Menschen in Europa seit der Bronzezeit Brücken. Kontakt, Verkehr und Handel wurden durch die kürzeren Wege wesentlich vereinfacht. In den meisten Fällen sind wirtschaftliche Aspekte, früher wie heute, die wichtigsten Argumente für einen Brückenbau.
Jahrhundertelang wurden für den Brückenbau nur Steine und Holz verwendet. Doch als die Eisenbahn und das Auto die Welt eroberten, wurden völlig andere Anforderungen sowohl an die Streckenführung als auch an das Material für den Brückenbau gestellt. Notwendig waren belastbarere Materialien. Stahl und Beton ermöglichten nun den Bau von höheren und längeren Brücken.

Alte und neue Brücke in Rasen (I)

Inspiration aus der Natur

SPECIAL !?!

Späte Entdeckung

In Europa war die Hängebrücke lange Zeit unbekannt, denn es fehlten die natürlichen Vorbilder, ebenso das Material. In Südamerika überquerten schon vor Jahrtausenden Indianer reißende Flüsse auf Hängebrücken aus Lianenseilen. Im 17. Jahrhundert berichteten erstmals Abenteurer, Forscher und Missionare in Europa von den Brücken aus dem faserigen Dschungelmaterial.

Umgestürzte Bäume, durch Erosion entstandene Steinbrücken oder zwischen Bäumen hängende Schlingpflanzen boten in der Vergangenheit einen von der Natur geschaffenen Weg über Bäche oder Schluchten an. Die ersten Brückenbauer entnahmen die Ideen für ihre **Konstruktionen der Natur**. Und noch immer basieren viele der heutigen, modernen Brückenvarianten auf denselben statischen Prinzipien wie ihre natürlichen Vorbilder.

Auch wurden lange Zeit Baumaterialien verwendet, die zum größten Teil aus der Natur stammen. In den Alpen, wie auch im restlichen Europa, waren dies **Holz und Stein**. Von der Bronzezeit über die Römerzeit bis in die Neuzeit wurden sehr einfache, aber auch ausgefeilte **Holzbalkenbrücken** und **Steinbogenbrücken** gebaut.

Die Hängebrücke in Meghalaya (Indien) besteht aus lebenden Baumwurzeln.

Ein erster Hinweis auf die Törggelebrücke bei Atzwang (I) geht auf das Jahr 1496 zurück. Die 33 Meter lange Brücke überspannt den Eisack mit nur einem einzigen Brückenschlag.

Neue Baumaterialien – neue Möglichkeiten

Ende des 18. Jahrhunderts, mit dem Beginn der Industrialisierung, konnte Eisen in Qualität und Menge so hergestellt werden, dass es auch für den Brückenbau verwendet werden konnte. Die ersten **gusseisernen Brücken** und Hängebrücken mit Eisenketten entstanden.
Das Aufkommen der Eisenbahn und später des Autos erforderte vermehrt Brücken mit größerer Spannweite und höherer Belastbarkeit. Schon die ersten Züge wogen an die 100 Tonnen und waren weit schwerer und schneller als alles, was vorher eine Brücke passiert hatte.

Mit der Erfindung des Stahlbetons Ende des 19. Jahrhunderts stand dafür ein ganz neues Material zur Verfügung.
Der Einsatz von **Stahlbeton** und ab 1930 von **Spannbeton** bewirkte eine regelrechte Revolution im Brückenbau. Dieser Verbundwerkstoff war jetzt nicht nur druck- und zugfester, sondern auch einfacher zu bearbeiten und kostengünstiger. Heute werden fast alle Brücken entweder aus Stahl, Stahlbeton, Spannbeton oder **Stahlverbund**, einer Mischung aus Stahlbeton und Spannbeton, gebaut, während Holz, Naturstein und Gusseisen kaum noch verwendet werden.

Um die erforderliche Spannweite von 127 Metern zu erreichen, wurde das Tragwerk der 1980 eröffneten Ganterbrücke (CH) aus Spannbeton gebaut.

Stahlbeton

Beton ist ein künstlich hergestellter Stein aus Kies, Sand, Zement und Wasser. Er kann großem Druck, nicht aber Zug standhalten, bricht daher leicht, wenn er durchgebogen wird. Stahl ist eine Eisenlegierung und lässt sich dagegen gut biegen. Wird Beton mit Stahl kombiniert, wird sowohl die Druckfestigkeit des Betons als auch die Zugfestigkeit des Stahls ausgenutzt. Eine sogenannte Bewehrung aus Stahlstäben oder Stahlmatten (Stahlgittern) ist dort vorteilhaft, wo der Baukörper auf Zug beansprucht wird.

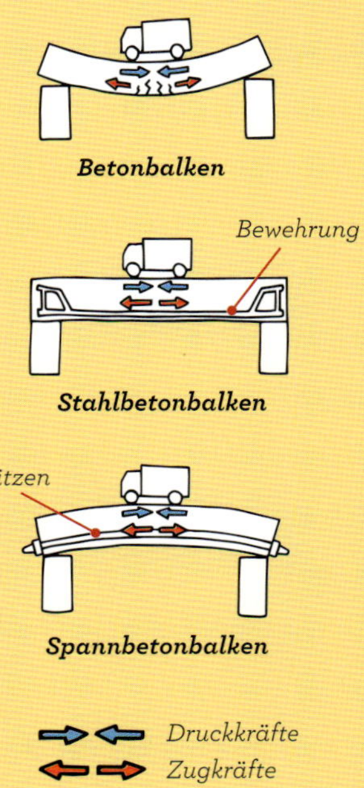

Spannbeton

Spannbeton ist eine Variante des Stahlbetons. Ein Betonbalken zum Beispiel wird so stark zusammengepresst, dass eine leichte Wölbung des Balkens entsteht. Das geschieht mithilfe von Stäben oder Litzen (Stahlseilen), die horizontal gespannt werden. Wird dieser vorgespannte Stahlbetonbalken von oben belastet, hält er der Zugkraft im unteren Bereich stand. Mit Spannbeton können größere Spannweiten erreicht werden als mit Stahlbeton.

Konstruktionen und Kräfte – die Brückentypen

Brücken werden allgemein in **Balken-, Bogen- und Hängebrücken** eingeteilt. Welcher Typus gebaut wird, hängt vom Verwendungszweck, von wirtschaftlichen und ästhetischen Überlegungen und vom Gelände ab. Die meisten Brücken bestehen aus einem Hauptträger und der Fahrbahn, die zusammen als **Tragwerk** bezeichnet werden. Bauteile wie **Lager, Pfeiler und Fundamente** stützen das Tragwerk und leiten die Kräfte, die auf die Brücke einwirken, in den Boden ab.
Brücken müssen den senkrechten Kräften (**Druckkräfte**) standhalten, die durch das Eigengewicht und das Gewicht von Fahrzeugen und Personen entstehen. Horizontale Kräfte (**Zugkräfte**), die durch das Bremsen der Fahrzeuge, die Fliehkraft sowie durch Wärme und Wind erzeugt werden, und Schwingungen wirken ebenso auf die Brücke ein. Balken-, Bogen- und Hängebrücken reagieren unterschiedlich auf diese Kräfte.

Die Europabrücke (A) ist seit 1963 Teil der Brennerautobahn und die höchste Balkenbrücke Europas. Auf fünf imposanten Stahlbetonpfeilern – der höchste misst 146 Meter – ruht das Tragwerk, das aus einem stählernen Hohlkasten besteht.

Hangbrücken

Hangbrücken, in der Schweiz Lehnenviadukte genannt, werden heute häufig in gebirgiger Landschaft gebaut. Sie verlaufen steilen und **instabilen Berghängen** entlang. Durch eine Brücke kann der Verkehrsweg sicher am Hang entlanggeführt werden. Hangbrücken werden als **Balkenbrücken** errichtet. Die Pfeiler werden tief in die Erde gebaut und abgeschirmt, sodass sie vor möglichen Erdrutschen geschützt sind.

Aufgrund der Steilheit des Geländes wurden mehr als die Hälfte der 24 Kilometer langen Autobahntrasse zwischen Klausen und Bozen (I) als Hangbrücken errichtet.

Die Salginatobelbrücke (CH) ist eine Bogenbrücke mit aufgeständerter Fahrbahn aus Stahlbeton und ein Highlight in der Geschichte des Brückenbaus. Sie wurde 1929 vom Stahlbetonpionier Robert Maillart gebaut und gehört zu den World Monuments.

Die **Balkenbrücke** ist die einfachste Form einer Brücke. Sie entspricht dem Prinzip eines Baumstamms über eine Schlucht: ein **horizontaler Träger** auf zwei Widerlagern. Durch zusätzliche Stützpfeiler wird eine tragfähige Spannweite erreicht und die Brücke kann beliebig verlängert werden.
Als **Baumaterial** dienten anfangs Holzbalken. Im Mittelalter wurden für größere Spannweiten Tragwerke aus **Holz** als Fachwerk errichtet, sie waren stabiler und leichter als Holzträger. Mit dem Aufkommen von Eisen und Stahl im 19. Jahrhundert wurde das Fachwerk der meisten Eisenbahnbrücken aus **Gusseisen** oder **Stahl** gebaut oder ein Hohlkasten trug die Fahrbahn. Heute ermöglichen **Stahlbeton** und **Spannbeton** den Bau von schlanken Balkenbrücken über weite Täler.

Bogenbrücken überwinden mit einem **einzigen bogenförmigen Träger** aus Holz, Beton oder Stahl einen Fluss oder Abgrund. Im Haupttragwerk, dem Bogen, treten vor allem Druckkräfte auf, die an die Fundamente an den Enden des Bogens, die Kämpfer, abgeleitet werden. Die Fahrbahn kann an Hängern unter oder auf Ständern über dem Bogen verlaufen.

Die ersten **Rundbogenbrücken** aus Stein wurden von den Römern errichtet. Sie entwickelten die Rundbögen, die schon bei den Etruskern bekannt waren, für den Brückenbau weiter. Der **Steinbogen** war lange Zeit die einzige Möglichkeit, größere Spannweiten zu erzielen. Die halbkreisförmig aufgeschichteten **Steine stützen sich gegenseitig** und müssen dabei nur Druckkräfte aufnehmen. Steinbogenbrücken können, im Gegensatz zur Bogenbrücke, aus mehreren Bögen und Pfeilern bestehen.

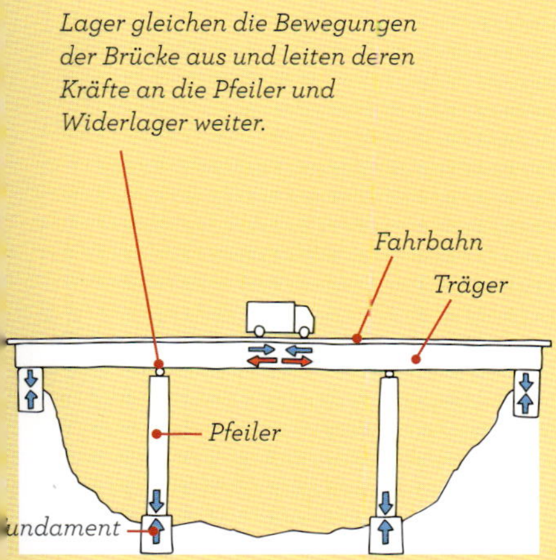

Balkenbrücke

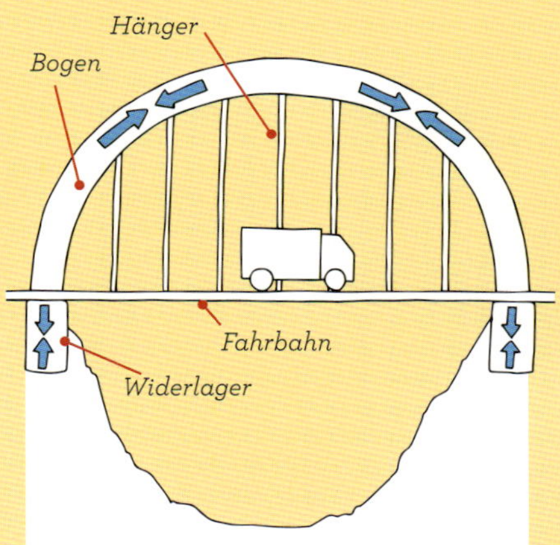

Bogenbrücke

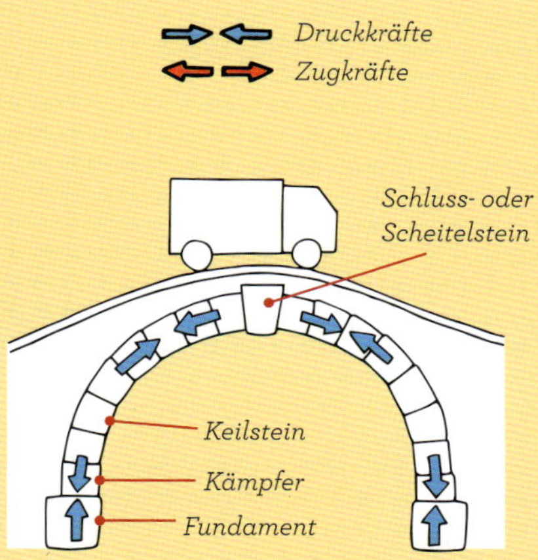

Rundbogenbrücke

Spannweiten

Die Spannweite ist der Abstand zwischen zwei Stützpfeilern. Die verschiedenen Brückentypen erreichen unterschiedliche maximale Spannweiten.

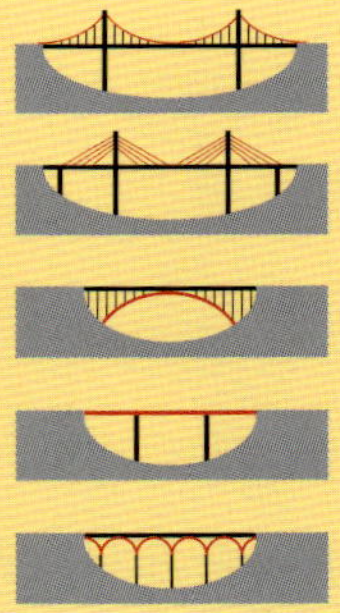

Hängebrücke – **bis ca. 2.000 m**

Schrägseilbrücke – **bis ca. 1.000 m**

Bogenbrücke – **bis ca. 500 m**

Balkenbrücke – **bis ca. 300 m**

Steinbogenbrücke – **bis ca. 150 m**

Pont de la Caille (F)

Brücke von Albeins (I)

Bei **Hängebrücken** sind zwischen zwei Stützpfeilern, den Pylonen, dicke Tragseile gespannt. Daran sind zahlreiche Hänger, senkrechte Seile, befestigt, die die Fahrbahn tragen. Hängebrücken sind aufgrund der über eine weite Strecke frei schwebenden Fahrbahn sehr anfällig gegen Schwingungen. Heute bestehen sowohl Seile als auch Pylone meistens aus Stahl.

Schrägseilbrücken sind der neueste Bautyp und beruhen auf demselben Prinzip wie Hängebrücken. Bei dieser Konstruktion ist die Fahrbahn mit vielen schräg verlaufenden Tragseilen an hohen Pylonen aufgehängt. Weil es keine weiteren Hänger oder Ankerblöcke wie bei Hängebrücken gibt, sind sie schneller und billiger herzustellen.

Druckkräfte
Zugkräfte

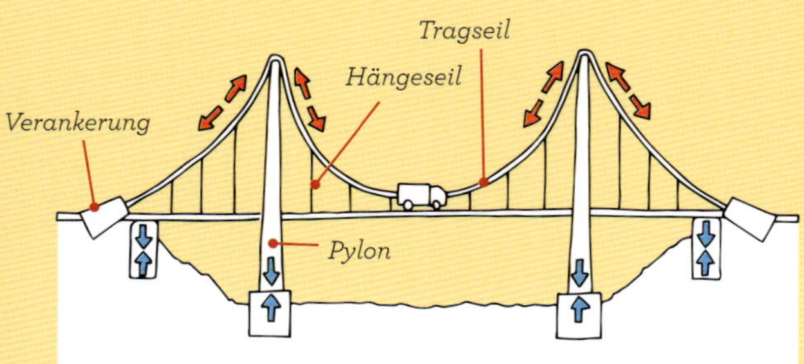

Hängebrücke

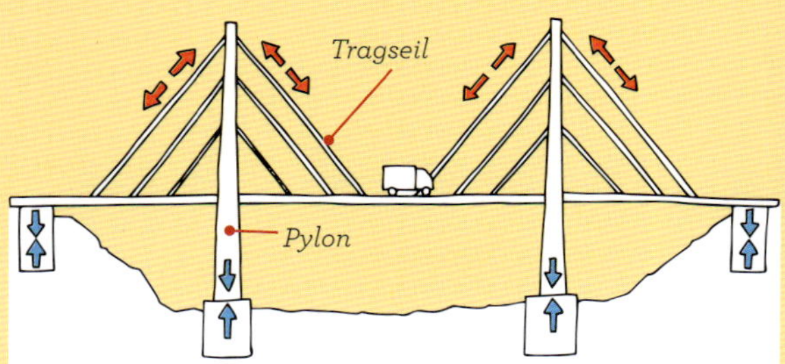

Schrägseilbrücke

Moderner Brückenbau

Die traditionelle Bauweise erfolgt mit tragenden Bodengerüsten. Sie werden aufgestellt und halten den Träger so lange, bis er mit den Pfeilern verbunden werden kann. Dieses Vorgehen erfordert einen hohen Materialaufwand und kann bei großen Spannweiten nicht eingesetzt werden.

Heute ist der Bau mit dem **Taktschiebeverfahren** weltweit verbreitet. Dabei wird ein Trägerabschnitt auf festem Boden fertiggestellt und über Lager vorsichtig von hinten nach vorne geschoben und an die vorgesehene Stelle gesetzt. Ein stählerner Vorbauschnabel unterstützt den Einbau. So wächst die Brücke über das Tal.

Beim sogenannten **Freivorbau** wird vom Pfeiler aus in eine oder auch in beide Richtungen gebaut. Hier werden die einzelnen Teile vorher nicht hergestellt, sondern je nach Material direkt an den Brückenträger angeschweißt oder anbetoniert. Der Brückenträger ragt so lange frei nach vorne, bis der Zusammenschluss mit dem anderen frei vorgebauten Brückenteil erfolgt. Der Freivorbau eignet sich für Brücken mit sehr großen Spannweiten und wenn der Bau von Gerüsten zu teuer oder gar unmöglich ist.

Die Solisbrücke der Albulabahn (CH) wurde mit aufwendigen Bodengerüsten, einem sogenannten Leergerüst, errichtet.

Die Europabrücke (A) wurde aufgrund ihrer enormen Höhe im Freivorbau gebaut.

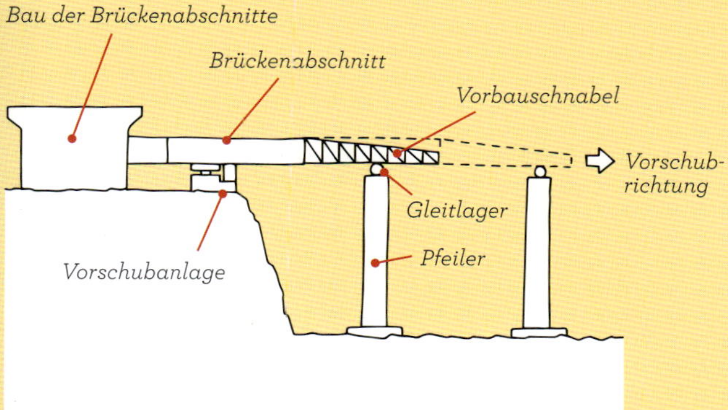

Taktschiebeverfahren

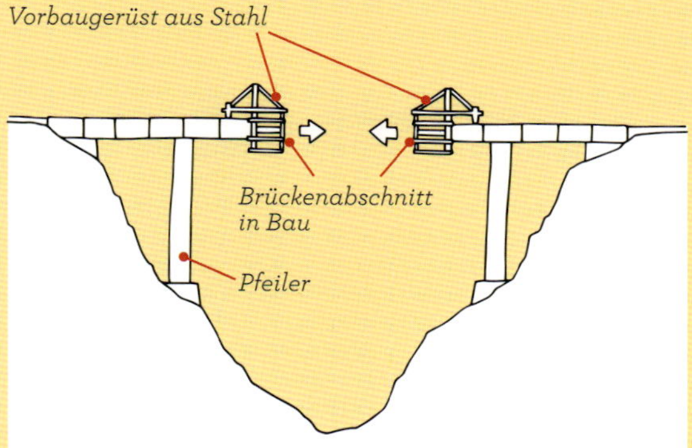

Freivorbau

Brücken im Hochgebirge

Die Dachstein-Hängebrücke ist die höchstgelegene Hängebrücke Österreichs. Sie überrascht mit einer Aussicht über die höchsten Berggipfel Österreichs und freiem Blick auf die schroffen Felsen des Dachstein-Massivs in bis zu 400 Meter Tiefe.

In luftiger Höhe – alpine Hängebrücken

In den letzten Jahren wurden in den Alpen zahlreiche Hängebrücken gebaut. Im Unterschied zu ihren großen Schwestern, den Hängebrücken für den Autoverkehr, sind sie für **Fußgänger** gebaut. Sie überbrücken Schluchten, verbinden Wanderwege und ermöglichen spektakuläre Aussichten. Die **Stahlkonstruktionen** kommen dabei ohne Pylone aus. Die Stützen werden direkt in den Fels zu beiden Seiten der Schlucht eingebaut. Häufig sind diese Hängeseilbrücken links und rechts mit zusätzlichen Abspannseilen gesichert, damit sie im Wind nicht zu sehr schwanken und sich verwinden.

SPECIAL !?!

Gefährlicher Wind

Bereits bei der Eröffnung der Tacome-Narrows-Hängebrücke (USA) 1940 waren sich die Experten über die Stabilität der schlanken Konstruktion uneinig. Schon ein leichter Wind versetzte die Fahrbahn in unglaubliche Torsionsschwingung, weswegen sie als **Galopping Gertie** zur Touristenattraktion wurde. Wenige Monate nach der Eröffnung stürzte sie bei einem leichten Sturm der Windstärke 8 (67 km/h) ein. Seither wird bei der Konstruktion von Brücken neben der Statik auch die Dynamik berücksichtigt und alle größeren Brücken werden als Modell im Windkanal getestet.

Die **Triftbrücke** (CH) ist mit ihren 170 Metern Länge eine der spektakulärsten und längsten **Fußgänger-Hängeseilbrücken** der Alpen. Wer zur Trifthütte gelangen möchte, muss die Brücke, die 100 Meter hoch über dem Gebiet des Triftgletschers schwebt, überqueren. Errichtet nach dem Vorbild nepalesischer Dreiseilbrücken, sind die zwei Tragseile auf Gehweghöhe mit den zwei Tragseilen in Höhe der Handläufe verbunden. Seitliche, nach unten verlaufende Abspannseile wirken den Windkräften entgegen.

Skywalks – himmlische Spaziergänge

Überall auf der Welt wurden in den vergangenen Jahren sogenannte Skywalks eröffnet, so auch in den Alpen. Obwohl solche **Aussichtsplattformen** sicher sind, wird vielen Touristen beim Blick in den Abgrund mulmig zumute – denn oft ist es nur ein Stück Glas, das vor dem Fall in die Tiefe schützt.

Der Skywalk an der Kölnbreinsperre (A) wurde 2010 direkt an die 200 Meter hohe Staumauer angebaut.

Burgen und Festungen

Verteidigen

Festung Bard im Aostatal (I)

Viele technische Erfindungen wurden früher ebenso wie heute aus militärischem Interesse entwickelt, immer wieder aber auch friedlich genutzt. So wurden um 1800 manche Verkehrswege über die Alpen als Verteidigungswege angelegt, die heute als Panoramastraßen beliebt sind.
Die Alpen spielten, auch bei militärischen Auseinandersetzungen, aufgrund ihrer schwer zugänglichen Landschaft und ihrer zentralen Lage in Europa schon seit den Römern eine wichtige Rolle. Bis in die Neuzeit wurden die Verbindungswege über die Alpen und die strategisch wichtigen Orte durch Burgen, Festungen und Bunker gesichert.

Ein Bunker des Alpenwalls, 1939 in St. Pauls in Südtirol errichtet, und die Burg Hocheppan, vermutlich um 1125 erbaut (I).

Verteidigungs-anlagen

SPECIAL !?!

Die ersten Kanonen

Als im Mittelalter das **Schwarzpulver** in Europa bekannt wurde, begann man die Druckwelle, die beim Abbrennen des Pulvers entsteht, militärisch zu nutzen. Das Pulver wurde in ein dickes, auf einer Seite geschlossenes Gusseisenrohr gefüllt und festgestampft. Darauf schob man eine Steinkugel und zündete das Schwarzpulver durch eine kleine Öffnung mithilfe eines Luntenstocks.

Die alpine Berglandschaft bietet strategisch günstige Standorte zur Errichtung von Verteidigungsanlagen. Talgabelungen, Engstellen oder Felsvorsprünge wurden zu allen Zeiten zum Bau von Burgen, Festungen und Bunkern genutzt. Burgen oder Festungen dienten zur **Verteidigung** der Herrschaftssitze und zum Schutz seiner Einwohner, sie waren außerdem **Symbol der Macht**.
Im Unterschied dazu blieben die Bunker, die im 20. Jahrhundert entstanden, im Verborgenen und sollten die Grenzlinien der entstandenen Nationalstaaten schützen.
Stets aber, und für alle Verteidigungsbauten gleich, beeinflusste die Entwicklung der **Waffentechnik** die Bautechnik und Architektur dieser Militäranlagen. Die hohen Steinmauern und Wehrtürme mittelalterlicher Burgen hielten den Belagerungen mit leichten Geschützen stand. Als aber im 15. Jahrhundert schwere Feuergeschütze zum Einsatz kamen, wurden Festungen mit breiten Wällen und spitzwinkeligen Bastionen gebaut.

Der Einsatz von Panzern und die Luftangriffe während des Ersten Weltkriegs machten robustere Materialien zum Bau von Verteidigungsanlagen notwendig. Der neu entwickelte Stahlbeton war der ideale Baustoff für die Konstruktion der Bunker.

Burgen

Im Mittelalter entstanden zahlreiche Burgen, die der Verteidigung und dem Schutz der Bewohner vor Angreifern dienten. Diese **Wehrburgen** an strategischen Orten wie Anhöhen, Engstellen und wichtigen Übergängen waren im Gegensatz zu den später aufkommenden Festungen auch eindrucksvolle **Wohnbauten** der adeligen Herren und ihrem Gefolge. Zollburgen standen in der Nähe von Handelswegen und dienten vor allem dazu, die Einnahmen für den Erhalt der Straßen, den Wegzoll, zu sichern. Da die Burgen nur Angreifern mit herkömmlichen Waffen standhielten, verloren sie mit dem Aufkommen der Feuerwaffen an Bedeutung.

Aufbau einer mittelalterlichen Burg

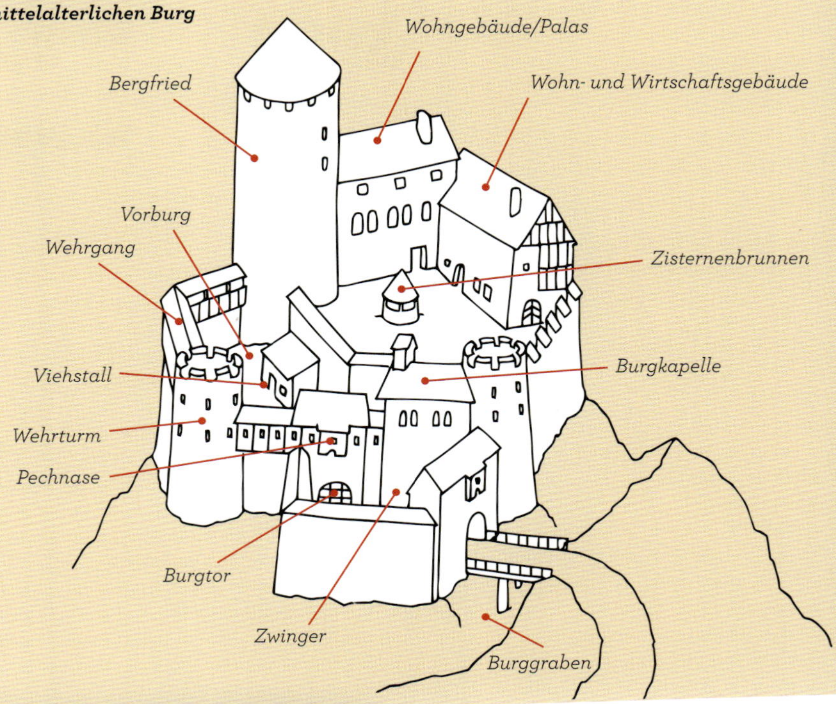

Die **Burg Taufers** wurde zu Beginn des 13. Jahrhunderts auf einem Felsvorsprung am Eingang des Ahrntals (I) errichtet. Die edelfreien Herren von Taufers konnten mit dieser großzügig angelegten Burganlage ihr Herrschaftsgebiet zwischen dem Pustertal und dem Zillertal kontrollieren und sichern. Bilderbuchartig wird das an drei Seiten steil abfallende Gelände von einer Ringmauer begrenzt, an die sich der Bergfried, der Wohnturm, der Palas und die Wirtschaftsgebäude anlehnen. Von der Hangseite im Nordosten gelangt man über eine Brücke und eine dreifach gesicherte Toranlage in die Burg. Die Wehranlagen um den Torturm boten zusätzlichen Schutz.

Festungen

Festungen wurden seit dem Einsatz schwerer Pulvergeschütze im 15. Jahrhundert erbaut. Diese meist rein **militärischen Anlagen** waren so gebaut, dass sie dem feindlichen Beschuss mit Feuerwaffen standhielten und mit denselben Waffen verteidigt werden konnten. Dazu wurden sie nach den Schusslinien der zur Verteidigung verwendeten Geschütze ausgerichtet. Im Idealfall ergab sich daraus eine **sternförmige Anlage**, von der aus in alle Himmelsrichtungen geschossen werden konnte. Im Inneren einer Festung befanden sich die Wohngebäude der Besatzung sowie die Munitions- und Waffenlager.

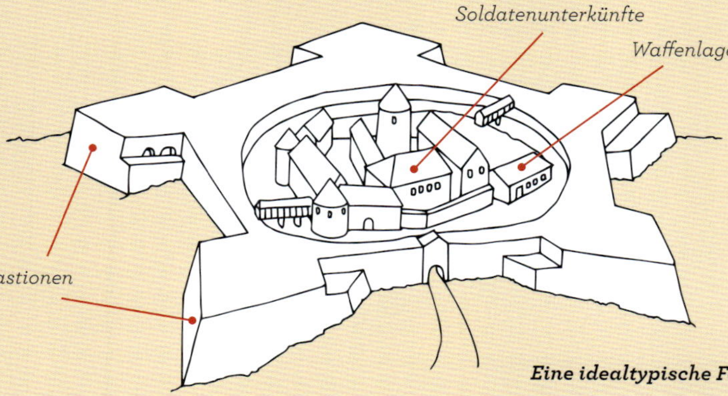

Eine idealtypische Festung

Der tote Winkel

Der tote Winkel ist die Schwachstelle einer Verteidigungsanlage, da er von den Schützen auf der Anlage weder eingesehen noch gesichert werden kann. Die Angreifer können diese Stellen einer Burg als Schutz zum Heranrücken nutzen. Durch den Bau von pfeilförmigen, an der Festungsmauer vorspringenden Bastionen wurden tote Winkel vermieden.

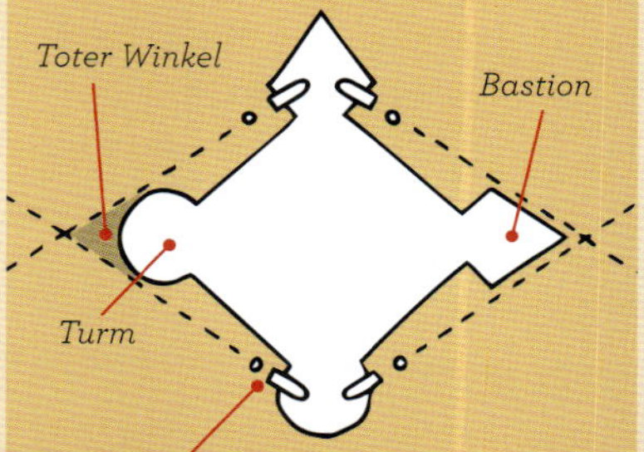

Briançon

Die Festung und Stadt Briançon liegt in den französischen Voralpen auf einer Höhe von 1.250 Metern an einer schon zur Römerzeit wichtigen Verbindung Richtung Süden. Sie wurde um eine schon bestehende Stadt herumgebaut und schloss somit auch Lebensbereiche von Bürgern mit ein. Wegen ihrer **strategisch günstigen Lage** wurde sie nach einem Brand im 17. Jahrhundert zu einer starken Festung neu auf- und ausgebaut. Obwohl sie aufgrund der gebirgigen Landschaft nicht der idealtypischen Sternform entsprach, hielt sie den Angriffen der Österreicher in den Napoleonischen Kriegen und der Italiener im Zweiten Weltkrieg stand.

Briançon (F)

Bunker

Im 20. Jahrhundert wurden die Verteidigungstechniken von Burgen und Festungen weiterentwickelt. Die neuen Bunkeranlagen mussten jetzt dem Angriff von Panzern und Flugzeugen standhalten. Die Bunker mit Wänden aus meterdickem Beton wurden vorwiegend **unterirdisch** angelegt und dem Gelände angepasst, um sie vor Flugzeugen zu tarnen. Die runden Oberflächen der Bunker sollten die Granaten besser abprallen lassen.
Von den Bunkeranlagen wurden die **Schussfelder** zur Panzer- und Flugzeugabwehr kontrolliert.
Die Schussfelder setzen sich aus der Reichweite aller Abwehrgeschütze zusammen.

Felsbunker in Comelico Superiore (I)

Der „Alpenwall"

Obwohl Mussolini mit Hitler verbündet war, ließ er 1939–1942 den Alpenbogen, die „natürliche" Grenze Italiens, mit aufwendigen **Verteidigungsanlagen** sichern. Die Verkehrswege sollten durch militärische Talsperren kontrolliert werden. Diese bestanden aus Bunkern und Panzerhindernissen, die an strategischen Punkten errichtet wurden. Allein in Südtirol wurden 350 Bunker gebaut, wobei der größte Teil davon unvollendet blieb.

Der „Vallo Alpino" reichte vom Tyrrhenischen bis zum Adriatischen Meer. Er war in acht Abschnitte eingeteilt, die nach benachbarten Städten benannt wurden.

SPECIAL !?!

Sport statt Krieg: Jedes Jahr am letzten Samstag im August gehört die Straße auf das Stilfser Joch den Radfahrern. 2016 haben bei dieser Sportveranstaltung für Amateure 11.401 Radfahrer den Pass erobert.

Militärstraßen

Als Hannibal 218 v. Chr. die Alpen überquerte, musste er mit seinem Heer und seinen Elefanten noch über Stock und Stein. Die ersten Straßen über die Alpen wurden von den Römern als Militärstraßen gebaut, um Truppen und Material schneller in die römischen Provinzen und an die **Kriegsschauplätze** nördlich der Alpen zu bringen. Die Militärstraßen wurden von Anfang an auch als **Handelswege** genutzt. Kaiser, Könige und Landsknecht-Führer nahmen mit ihren Heeren den Weg nach Rom über die Alpen.

Stilfser-Joch-Straße

Wer heute über diese beeindruckende Panoramastraße fährt, ahnt nicht, dass sie ausschließlich aus militärischen Gründen gebaut wurde. Als nach den Napoleonischen Kriegen 1818 die Lombardei und weite Teile Oberitaliens unter österreichische Verwaltung fielen, ließ Kaiser Franz I. die Straße bauen. Weil sie ihm zur Absicherung seiner Herrschaft über die Lombardei so wichtig war, wurde sie in weniger als zwei Jahren gebaut. Mithilfe genauer Geländevermessung wurde die Trasse mit Spitzkehren und Stützmauern durch das extrem steile Gelände geführt. Die Straße mit der Passhöhe von 2.757 Metern zählt heute noch zu den drei höchsten Alpenstraßen. Die 49 Kilometer lange Straße führt über 48 Kehren auf dem Nordhang und 34 Kehren auf dem Südhang vom Vinschgau (Südtirol) ins Veltlin (Lombardei).

Stilfser-Joch-Straße im Vinschgau (I)

Die **Strada delle 52 Gallerie** ist eine italienische Militärstraße des Ersten Weltkriegs am Südrand der Dolomiten. Über sie wurden die Stellungen der „Alpini" auf dem Bergmassiv des **Pasubio** gegen die österreichischen „Kaiserjäger" versorgt. Die Straße führt an der steilen Südseite des Massivs entlang auf eine Höhe von 1.928 Metern. Die 2,2 Meter breite Straße mit einer Steigung von 12 % musste in die Felswände gesprengt werden. Von der 6,3 Kilometer langen Gesamtstrecke verlaufen 2,3 Kilometer in **52 Tunneln**. Am spektakulärsten ist der 20. Tunnel, der sich in vier Windungen spiralförmig durch den Fels hochschraubt.
Trotz dieser technischen Meisterleistung veränderte sich die Stellung der Fronten nicht mehr. Wenige Monate später war der Krieg zu Ende. Heute bietet die Straße für Wanderer ein abenteuerliches Bergerlebnis; für Mountainbiker ist sie aufgrund der vielen tödlichen Unfälle mittlerweile gesperrt.

Südflanke des Pasubio (I) mit Straßenverlauf

Stellungen der Alpini am Pasubio (I) im Ersten Weltkrieg

Die **Stellungen im Gebirge** wurden in schwindelerregender Höhe errichtet. Sie bestanden aus Lauf- und Schützengräben aus aufgeschichteten Steinen sowie aus Tunneln und Kavernen, die in den Fels gebohrt und gesprengt wurden. Die extremen Bedingungen führten dazu, dass an manchen Frontabschnitten mehr Soldaten durch Lawinen, Felsstürze und Unfälle ums Leben kamen als durch feindlichen Beschuss.

Die Alpen sind aufgrund der zentralen Lage in Europa und der hohen Berge ein niederschlagsreiches Gebiet. Mit ihren Gletschern, Flüssen und Seen bilden sie einen gigantischen Wasserspeicher.
Sie sind eine Wasserscheide und der Ursprung der großen Flüsse, die sowohl in die Nordsee als auch ins Mittelmeer und ins Schwarze Meer fließen.
Die Alpen liefern das Trinkwasser für die Bevölkerung bis in die Großstädte am Süd- und Nordrand der Alpen und das Nutzwasser für die Industrie und die Landwirtschaft bis hinein in die Ebenen des Alpenvorlands.
Der Wasserreichtum ermöglicht es auch, die Wasserkraft als Energiequelle zu nutzen. Schon im Mittelalter wurde sie zum Antrieb von Mühlrädern verwendet. Heute erzeugen leistungsfähige Turbinen Speicherstrom, der europaweit „exportiert“ wird.

Speicherstausee Grande Dixence (CH)

Wasserkraft

Vielfältig genutzt

Trinkwasser für Großstädte

Die Kläfferquelle im Hochschwabgebiet ist eine der größten Trinkwasserquellen Europas und versorgt die Stadt Wien täglich mit 217.000 Kubikmeter Wasser.

Traditioneller Aquädukt in Wien-Liesing

Trinkwasser aus dem Hochgebirge

Drei Viertel des Trinkwassers der Stadt Wien kommen aus den Alpen. Das Quellgebiet liegt in den niederösterreichischen und steirischen Bergen und gehört der Stadt Wien, die sich auch um dessen Schutz und Bewirtschaftung kümmert.

Die erste, etwa 130 Kilometer lange Hochquellwasserleitung wurde 1873 gebaut, sie bezieht ihr Wasser aus dem Rax-Schneeberg-Gebiet in Niederösterreich.

Die zweite Hochquellwasserleitung wurde 1910 gebaut und entnimmt das Wasser dem Hochschwab-Gebiet in der Steiermark. Die 200 Kilometer lange Leitung besteht zum größten Teil aus mit Naturstein gemauerten Stollen. Sie führt das Wasser über 100 Aquädukte (Überführungen) und in 19 Dükern. Düker sind Druckleitungen zur Unterquerung von Straßen, Tunneln, Flüssen oder Bahngleisen. Für die Strecke aus dem Quellgebiet bis Wien benötigt das Wasser rund 36 Stunden bei einem Höhenunterschied von 360 Metern. 2010 betrug die maximale, pro Tag gelieferte Wassermenge 507.000 Kubikmeter.

Das Leitungsnetz der Wiener Hochquellwasserleitungen

Als Trinkwasser ist das gespeicherte Süßwasser nicht nur bedeutsam für die Bevölkerung in den Alpen. Alle Großstädte am Rand der Alpen beziehen ihr Trinkwasser aus dem Gebirge. Marseille, Turin und Wien transportieren ihr Trinkwasser mit langen Leitungen aus Quellen im Hochgebirge. Das Wasser für Zürich und München kommt aus den Wasser speichernden Schotterablagerungen am Alpenrand. Stuttgart bezieht es direkt aus dem Bodensee.

Eine künstliche Quelle: Im Sipplinger Quellbecken kommt das Wasser aus dem Bodensee zum ersten Mal an die Oberfläche – mehrere Tausend Liter pro Sekunde!

Moderne Druckleitungen in Sipplingen (D)

Das Leitungsnetz der Bodensee-Wasserversorgung (BWV)

Trinkwasser aus dem Bodensee

Der **Großraum Stuttgart** wird mit Trinkwasser aus dem Bodensee, der zu zwei Dritteln mit Wasser aus den Alpen gespeist wird, versorgt. Das Wasser ist von so guter Qualität, dass eine einfache, naturnahe Aufbereitung ausreicht, um es als Trinkwasser verwenden zu können. Die Tiefe des Bodensees (bis zu 254 Meter) schützt das Wasser zusätzlich vor Verunreinigungen. In 60 Meter Tiefe wird das Wasser über drei Rohre abgezapft und auf den 310 Meter hohen **Sipplinger Berg** in das Quellbecken gepumpt. Von dort fließt es über zwei mächtige Hauptleitungen von 2,20 Meter Durchmesser vorwiegend in freiem Gefälle bis zur nördlichen Landesgrenze Baden-Württembergs. Über 29 Hochbehälter, die im Netz verteilt sind, wird es dann in die angeschlossenen Städte und Gemeinden geleitet. Das gesamte Leitungsnetz ist etwa 1.700 Kilometer lang. Seit 1958 versorgt die **Bodensee-Wasserversorgung** als eine der größten deutschen Fernwasserversorgungen rund vier Millionen Menschen. 2003 betrug die pro Tag maximal gelieferte Wassermenge 531.000 Kubikmeter.

Wasser für die Landwirtschaft

Die vom Atlantik kommenden Wetterfronten stauen sich am Alpenhauptkamm. Deshalb fallen hier zwar **viele Niederschläge**, allerdings sind die Regenmengen sehr unterschiedlich verteilt: Südhänge sind deutlich trockener als Nordhänge. Während die **Bewässerung** auf der Nordseite eine geringere Rolle spielt, ist sie für die Landwirtschaft an der Südseite der Alpen unverzichtbar.

Waalweg im Vinschgau (I)

Der Lac de Serre-Ponçon (F) ist 20 Kilometer lang und fasst 12 Milliarden Kubikmeter Wasser. Er versorgt 100.000 Hektar landwirtschaftliche Felder im Tal mit Wasser.

SPECIAL !?!

Der größte Stausee der Alpen, der **Lac de Serre-Ponçon** (F), staut den unberechenbaren Durance-Fluss und dient in erster Linie zur Bewässerung und zum Schutz vor Hochwasser. Die moderne Landwirtschaft an der trockenen Südseite der Alpen braucht viel mehr Wasser als früher. Heute wird der Stausee auch zur Stromerzeugung genutzt.

Waale und Suone, ein traditionelles Bewässerungssystem

In den inneralpinen Trockentälern, zum Beispiel im Vinschgau und im Aostatal in Italien und im Wallis in der Schweiz, entwickelten die Menschen schon im Mittelalter Techniken, um die Bewässerung von landwirtschaftlichen Flächen zu garantieren. So wurden **Wasserkanäle** in die Erde gegraben, die in Südtirol „Waale", im Aostatal „ru" und im Wallis „Soune" genannt werden. Das Wasser wurde aus entlegenen Bergbächen oder Weihern entnommen und über ein ausgefeiltes **Leitungsnetz** – oft über lange Strecken und in spektakulärer Bauweise – verteilt. War das Gelände steil und felsig, mussten Rinnen oder Tunnel in den Fels gehauen werden, Gräben wurden mit Holzrinnen überwunden. Im Vinschgau gab es ein über 600 Kilometer, im Wallis ein rund 2.000 Kilometer langes **Kanalsystem**. Da ein Bauer allein so ein Bewässerungssystem weder errichten noch erhalten konnte, schlossen sich die Bauern in Gemeinschaften zusammen und regelten Bau, Erhalt und Verteilung des Wassers in ausgeklügelten **Wasserrechten**.

Aus dem gemeinsam geführten Bewässerungsnetz haben sich teilweise **Bewässerungsgenossenschaften** entwickelt, die das Kanalsystem durch Beregnungsanlagen ersetzt haben und dadurch das Wasser sparsamer auf eine viel größere Fläche verteilen. Manche der Bewässerungskanäle wurden verrohrt, andere sind verfallen, wieder andere werden als attraktive **Wanderwege** genutzt.

Beregnung im Etschtal (I)

Die Kraft des Wassers

Die Menschen in den Alpen haben die Kraft des Wassers schon früh zu nutzen gewusst. In den Alpentälern wurden Bäche gestaut und kanalisiert, um **Mühlen anzutreiben**. Oft trieb ein Bach mehrere Mühlen hintereinander an. Heute dienen die vielen Wasserkraftwerke mit ihren starken Turbinen vor allem zur **Stromerzeugung**. Um die Kraft des Wassers nutzen zu können, braucht es **Wasserräder** oder **Wasserturbinen**. Dabei wird die Bewegungskraft des Wassers in eine mechanische Drehbewegung umgewandelt, die wiederum Maschinen oder Generatoren zur Stromerzeugung antreibt.

Die älteste Form ist das ***unterschlächtige Wasserrad****. Es liegt mit dem unteren Rand in einem Kanal, der der Breite des Schaufelrads angepasst ist. Die* ***Strömung des Wassers*** *treibt das Rad durch seine Bewegungskraft an.*

Vom Mühlrad zur Turbine

Das **Wasserrad** war bereits in den Kulturen des Vorderen Orients bekannt und wurde zuerst als Schöpfrad zur Bewässerung eingesetzt. Erst später verwendete man es auch als Mühlrad, etwa zum Antreiben von Getreidemühlen und Sägewerken.

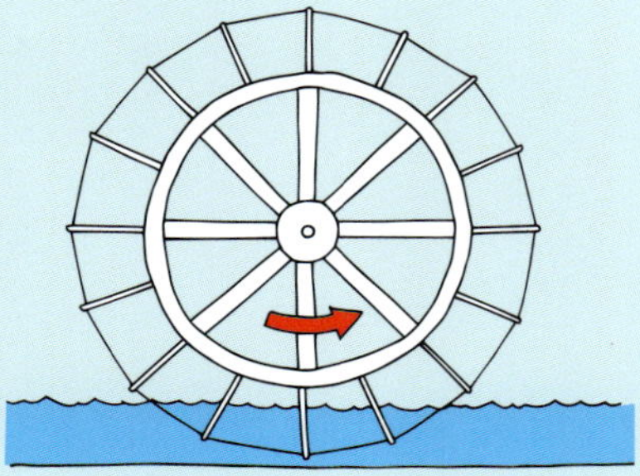

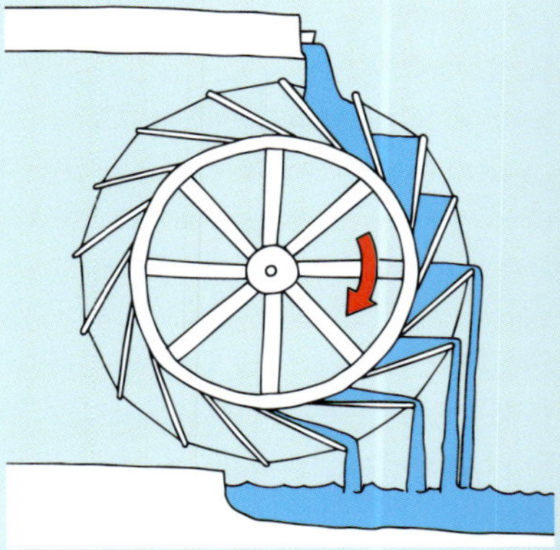

Das ***oberschlächtige Wasserrad*** *wurde erst im Mittelalter entwickelt und seitdem in den Alpen bevorzugt verwendet – aufgrund der vielen Bäche, die relativ wenig Wasser führen, deren Wasser aber aus großer Höhe herabströmt. Beim oberschlächtigen Wasserrad fällt das Wasser von oben auf die Schaufeln. Das* ***Gewicht des fallenden Wassers*** *treibt das Rad an.*

Die Leistung einer Pelton-Turbine

Die Leistung der Pelton-Turbine des Kraftwerks Bieudron (CH) entspricht der Leistung von 80 modernen Elektrolokomotiven, nämlich 423 Megawatt.

Bei einer **Turbine** strömt das Wasser im Unterschied zum Wasserrad nicht in einer offenen Rinne, sondern in einem Druckrohr auf das Laufrad. Über den Wasserdruck wird die Energie eines höher gelegenen Wasserspiegels auf das Turbinenrad übertragen. Damit werden **bessere Wirkungsgrade** und unvergleichlich **höhere Leistungen** erzielt. Während ein Wasserrad eine Leistung von maximal 12 Kilowatt erbringt, hat zum Beispiel eine Pelton-Turbine wie im Kraftwerk Bieudron (CH) eine Leistung von 423.000 Kilowatt.

*Bei der **Pelton-Turbine** strömt aus einer oder mehreren Düsen **wenig Wasser**, aber mit sehr **hoher Geschwindigkeit** tangential auf das Laufrad. Die Schaufeln des Laufrads sind in zwei Becher geteilt. Die scharfe Mittelscheide leitet das Wasser in die entgegengesetzte Richtung ab. Dadurch wird fast die gesamte Bewegungsenergie des Wassers umgesetzt. Diese Turbine kommt bei **Speicherkraftwerken** im Gebirge zum Einsatz, wo Wasser in geringeren Mengen, aber mit großen Fallhöhen zur Verfügung steht.*

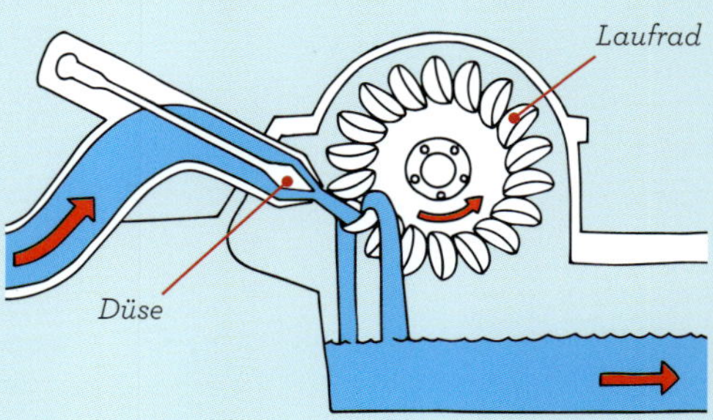

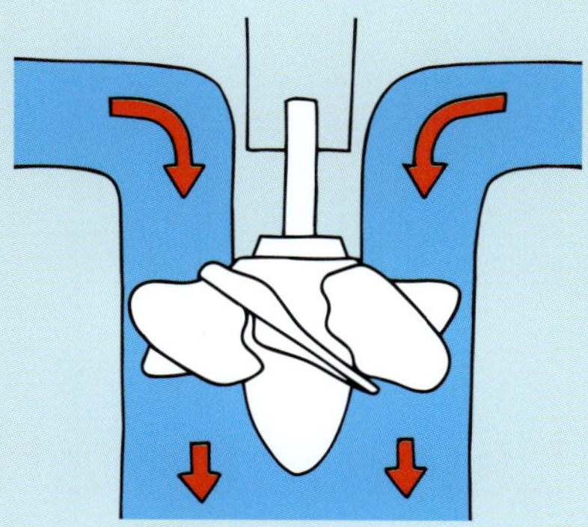

*Die **Kaplan-Turbine** besteht aus einem Laufrad, das einer Schiffsschraube gleicht. Eine **große Wassermenge** strömt mit **geringer Geschwindigkeit** radial durch das Laufrad. Die Flügel sind verstellbar, sodass man die Turbine an unterschiedliche Durchflussmengen anpassen kann. Eingesetzt wird diese Turbine bei **Flusskraftwerken**, weil sie bei großen Wassermengen mit geringen Fallhöhen effizient arbeitet.*

Kraftwerk Walchensee (D), erbaut 1924

Leistungsfähige Wasserkraftwerke

Mit der Entdeckung der Elektrizität im 19. Jahrhundert bekam die Wasserkraft in den Alpen große Bedeutung. Strom lautete das Zauberwort der Industrialisierung. Das **erste Kraftwerk 1886** glich noch einer Mühle, schon 40 Jahre später entstanden die leistungsfähigsten Wasserkraftwerke Europas. Aufgrund des Wasserreichtums und des Höhenprofils werden im Alpenraum **vor allem Speicherkraftwerke** gebaut. An den großen Flüssen, die aus den Alpen kommend in die vorgelagerten Ebenen fließen, werden Laufkraftwerke angelegt.

Speicherkraftwerke nutzen das Wasser aus einem Speichersee zur Stromproduktion. Um das Wasser aus Schneeschmelze, Gletschern und Niederschlägen sammeln und speichern zu können, werden **Staudämme** errichtet. Das Wasser fließt dann durch Druckrohre bis zu 2.000 Meter in die Tiefe zu den Turbinen. Da die **Fallhöhe enorm** ist, wird auch schon mit geringer Wassermenge eine hohe Leistung erreicht. Dabei werden **Pelton-Turbinen** verwendet. Speicherkraftwerke können leicht ein- und ausgeschaltet werden. Stehen die Turbinen still, bleibt das Wasser im Speichersee. Wenn viel Strom gebraucht wird, werden sie ans Netz geschaltet und liefern den sogenannten **Spitzenstrom**.

Kraftwerk Kardaun (I), erbaut 1929

Speicherkraftwerk

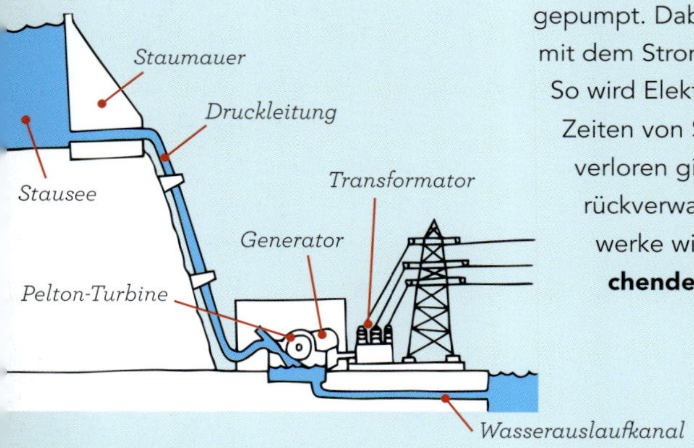

In **Pumpspeicherwerken** wird zusätzlich Wasser in den Stausee gepumpt. Dabei werden die Pumpen mit dem Stromüberschuss betrieben. So wird Elektroenergie, die in Zeiten von Stromüberschuss sonst verloren ginge, in Wasserenergie rückverwandelt. Pumpspeicherwerke wirken so als **ausgleichende Energiespeicher**.

Laufkraftwerk

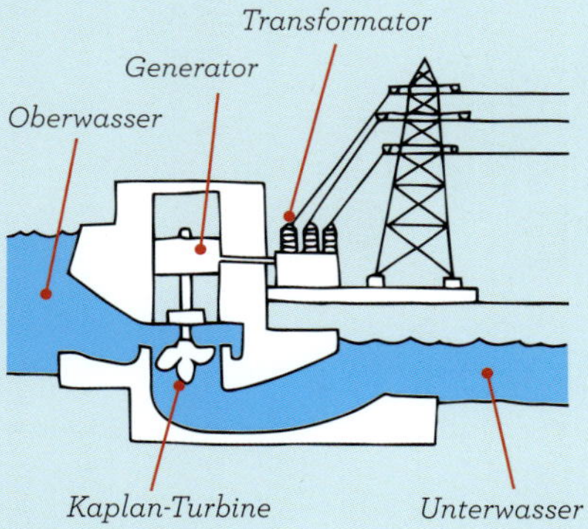

Draukraftwerk Lavamünd, Kärnten (A)

Ein **Laufkraftwerk**, auch Flusskraftwerk genannt, nutzt das Wasser von größeren Flüssen zur Stromproduktion. Stauwehre stauen das Wasser und nutzen das Gefälle aus. Die Fallhöhe zwischen Ober- und Unterwasser sowie die Wassermenge bestimmen, wie viel Strom das Kraftwerk produziert. Da die **Fallhöhe gering** ist, dafür aber eine enorme Wassermenge durch die Turbinen strömt, eignen sich hier **Kaplan-Turbinen**. Laufkraftwerke sind ständig in Betrieb, produzieren rund um die Uhr und liefern den **Basisstrom**.

Ein Megakraftwerk im Hochgebirge

Maschinenhalle im Kraftwerk Bieudron

In der Nähe des Matterhorns, auf einer Höhe von 2.400 Metern, liegt der Lac des Dix. Er ist der größte Speichersee der Alpen und das Herz des **Kraftwerkskomplexes Grande Dixence**. Der See sammelt das Wasser von 35 Gletschern, mithilfe einer enormen Staumauer, vier Pumpstationen und einem Netz an Zulaufstollen. Drei Kraftwerke sind an den Stausee angeschlossen, ihre Maschinenhallen sind riesige Kavernen, tief im Berg verborgen. Die Druckleitungen, durch die das Wasser ins Tal fließt, bestehen aus 20 bis 80 Millimeter dicken Stahlrohren mit einem Durchmesser von 3,40 Metern.

Das **Kraftwerk Fionnay** bekommt das Wasser des Lac des Dix nach etwa 800 Metern Fallhöhe. Danach fließt dasselbe Wasser weiter zum tiefer gelegenen **Kraftwerk Nendaz**. Zum **Kraftwerk Bieudron** stürzt das Wasser 1.883 Meter ins Tal und erzielt damit nicht nur einen **Weltrekord** in der Fallhöhe, sondern auch in der Leistung (423.000 Kilowatt/Turbine). Danach fließt das Wasser in die Rhone ab.
Zusammen erbringen die drei Kraftwerke mit ihren Pelton-Turbinen eine Leistung von 2.000 Megawatt und liefern rund 2 Milliarden Kilowattstunden im Jahr. Das entspricht dem durchschnittlichen Jahresverbrauch von 400.000 Haushalten.

Der Kraftwerkskomplex Grande Dixence (CH)

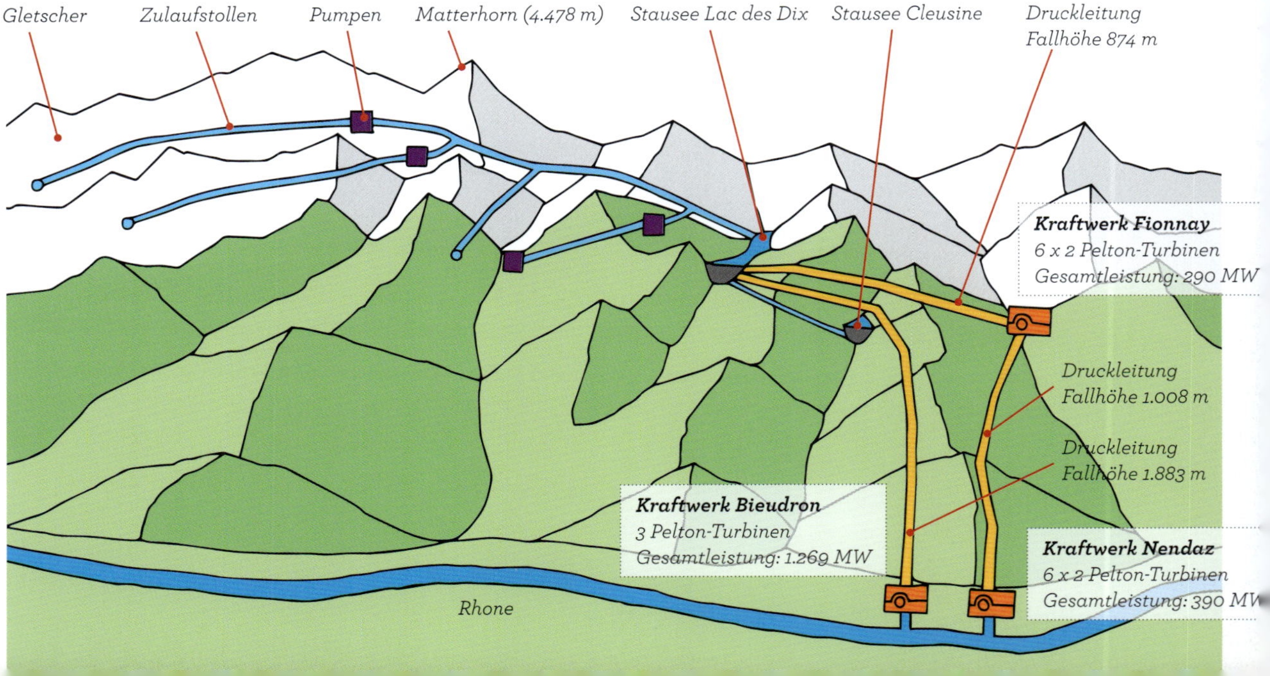

Ein europaweites Stromnetz

Am Anfang der historischen Entwicklung speiste ein Kraftwerk über eine eigene Hochspannungsleitung direkt die Anlagen des Abnehmers. Heute sind Kraftwerk und Abnehmer voneinander unabhängig und hängen an einem anonymen, **weitverzweigten Stromnetz**. Der große Vorteil der Speicherkraftwerke in den Alpen liegt darin, dass sie bei Verbrauchsspitzen sehr schnell große Strommengen in dieses **Verbundnetz** zuschießen können.

Stromverbrauch an einem Wintertag mit Einsatz der jeweiligen Kraftwerke

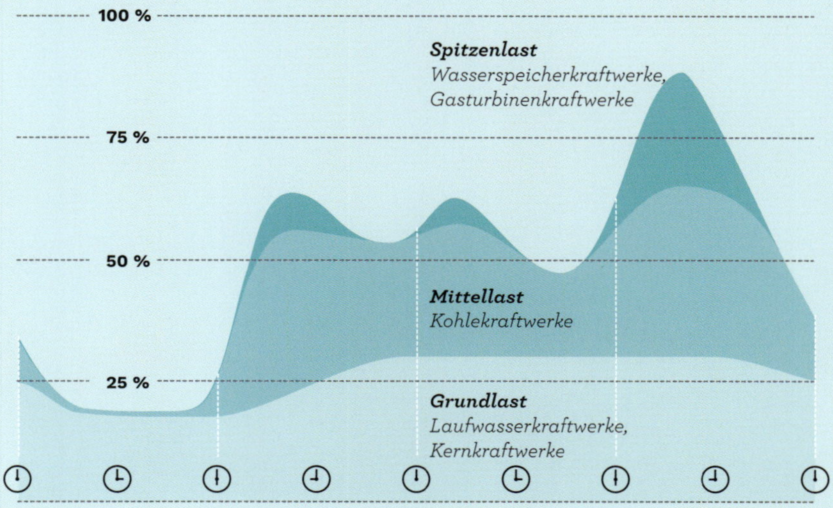

Spitzenstrom & Basisstrom

Der Stromverbrauch schwankt je nach Jahreszeit und Tageszeit: Im Winter und an Werktagen wird mehr gebraucht. Der **gleichbleibende Grundverbrauch** wird mit dem Basisstrom (Grund- und Mittellast) versorgt. Entsteht kurzfristig ein höherer Bedarf, wird dieser mit dem Spitzenstrom (Spitzenlast) abgedeckt.

Die stromfressenden Metropolen südlich und nördlich der Alpen sind auf dem Satellitenbild deutlich zu erkennen.

Gigantische Mauern

Damit Speicherkraftwerke das Wasser aus Speicherseen nutzen können, müssen **Talsperren** – Staudämme oder Staumauern – errichtet werden. Je nachdem, wie das Tal geformt ist und auf welche Weise dem enormen Druck des gestauten Wassers standgehalten werden muss, werden unterschiedliche Talsperren gebaut.

Die Staumauer des Lac des Dix (CH)

Die **Gewichtsstaumauer** hat einen dreieckigen Querschnitt, der an der Sohle sehr breit ist und sich zur Mauerkrone hin verjüngt. Das Gewicht der Betonmauer wirkt dem Wasserdruck entgegen.

Die **Bogenstaumauer** überträgt den Wasserdruck mithilfe einer horizontal und vertikal gebogenen Betonmauer auf die Talflanken, anstatt dem Gewicht des Wassers frontal entgegenzuwirken.

Im Kraftwerk Grande Dixence steht die größte Gewichtsstaumauer der Welt.

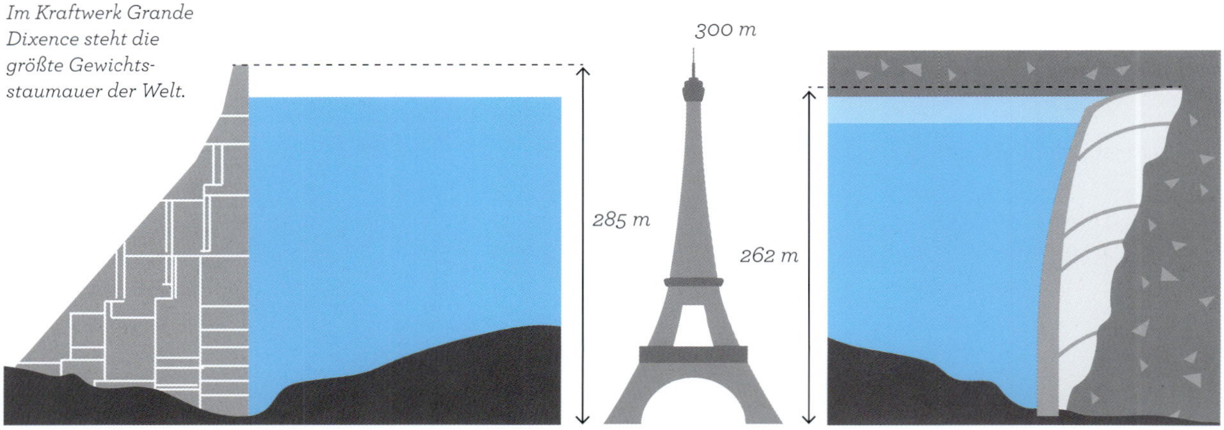

Bogenstaumauer von Vajont (I)

Bergsturz in den Vajont-Stausee (I)

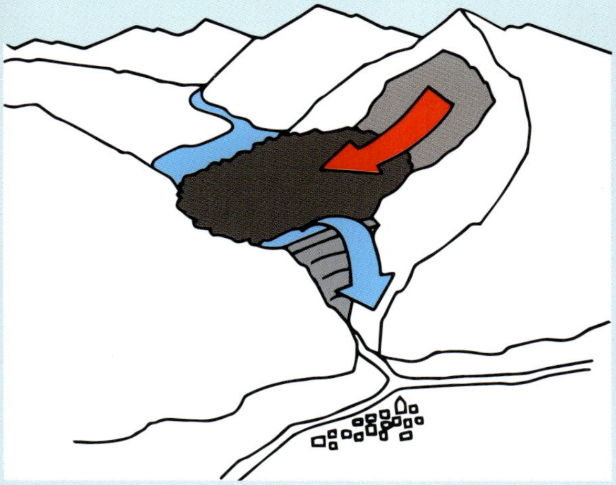

Die Staumauer von Vajont hat standgehalten, staut aber keinen See mehr.

Die **Bogenstaumauer von Vajont** (262 m hoch) hatte einen Speichersee von 300 Millionen Kubikmeter aufgestaut. 1963, drei Jahre nach Fertigstellung, stürzte der Berghang an der Südflanke des Sees mit einem Volumen von 200 Millionen Kubikmetern in den See. Er löste eine gewaltige Flutwelle aus, die über die Staumauer schwappte und den Ort Longarone im darunter liegenden Piavetal auslöschte. Die Staumauer selbst hielt nicht nur dem Wasserdruck des Sees, sondern auch der Flutwelle stand.

Strenge Überwachung

Die aufgestaute Energie eines Stausees stellt eine große Bedrohung für die darunter liegenden Täler dar. Mögliche Risiken sind die Alterung des Betons, Rutschungen an den Berghängen rings um den Stausee und Erdbeben. Deshalb wird der Zustand der Staumauer und des umliegenden Geländes ständig überwacht. Dies geschieht über ein Netz von **elektronischen Messgeräten**, die kontinuierlich Daten der Staumauer, des Wassers und des Geländes registrieren. Darüber hinaus kontrollieren **Aufsichtspersonen** systematisch die Anlagen, um verdächtige Veränderungen umgehend zu entdecken.

SPECIAL !?!

Staumauer und Kletterwand

Während Steinböcke ihre Kletter-Fähigkeiten auf der Staumauer des Cingino-Stausees (I) zeigen, um Salze zu lecken, die auf der 75 Grad steilen Mauer ausblühen, nutzen Sportkletterer den Staudamm im Martelltal (I) als künstliche Kletterwand.

SCHUTZBAUTEN

NATUR-GEFAHREN BANNEN

Viele Siedlungen und Hauptverkehrswege in den Alpen sind von Lawinen, Felsstürzen und Muren bedroht. Das damit verbundene Risiko steigt ständig, weil sich die Siedlungen und das Verkehrsnetz ausdehnen. Der Wald stellt einen wichtigen natürlichen Schutz dar. Besonders gefährdete Orte werden darüber hinaus durch Schutzbauten abgesichert. Wissenschaftler beobachten und erforschen systematisch die Naturereignisse und entwickeln Maßnahmen, um Siedlungen und Verkehrsverbindungen zu schützen. Dies ist eine andauernde Herausforderung, zumal wir zunehmend höhere Ansprüche stellen, wenn es um unsere Sicherheit geht.

Felssturz 2014 bei Tramin (I)

Wie schützen wir uns vor Naturgefahren?

Software RAMMS, Institut für Schnee- und Lawinenforschung SLF

Lawinenkataster

Technische Bauwerke sind nur ein Teil eines breit gefächerten Maßnahmenpakets zum Schutz vor Naturgewalten. Ein wichtiger Teil sind Maßnahmen, die Naturkatastrophen vorbeugen sollen. Dazu gehört das genaue **Dokumentieren** vergangener Naturereignisse, zum Beispiel der sogenannte Lawinenkataster. Aus den darin dargestellten Katastrophen kann gelernt werden.

SPECIAL !?!

Gefahrensimulation

Mit der Software RAMMS kann man die Auswirkungen von Naturgefahren berechnen. Sie simuliert zum Beispiel den Verlauf einer Lawine und berücksichtigt dabei die Geländebeschaffenheit, die Hangneigung und einen Wald, eventuell auch schon vorhandene Schutzbauten. Damit können weitere Schutzmaßnahmen besser eingeschätzt werden.

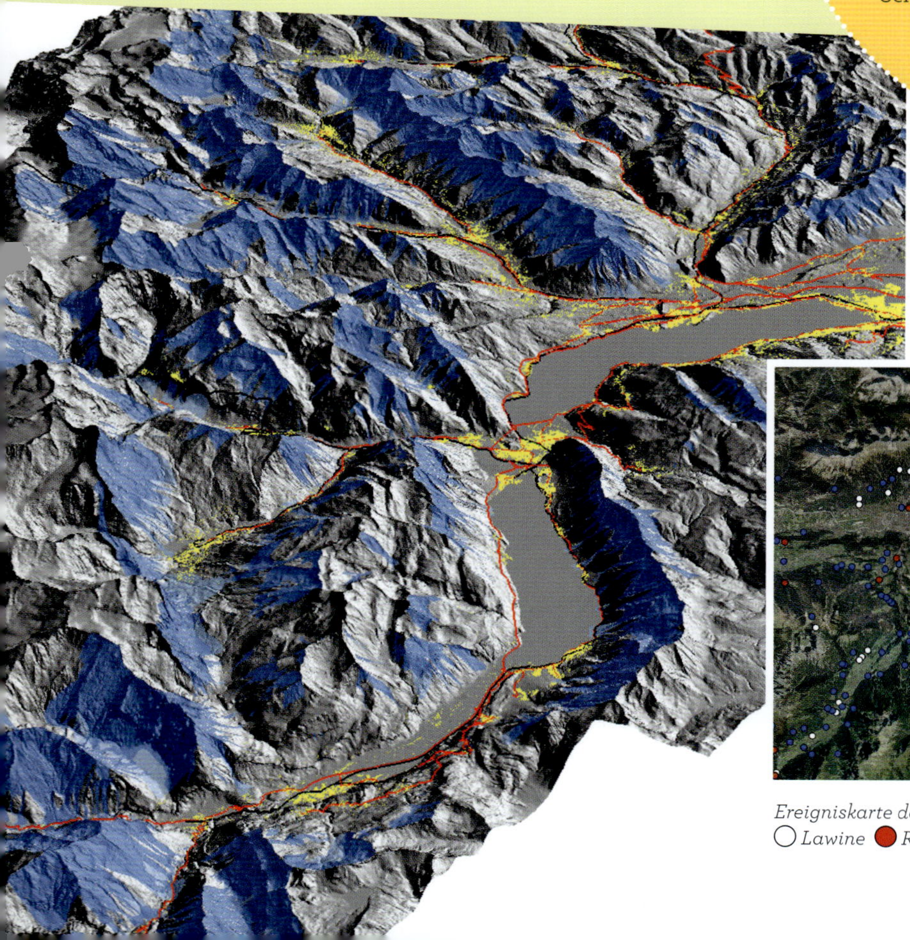

In der Schweiz werden Lawinenabgänge aufgezeichnet und auf einer Karte vermerkt.
Lawinengebiete
Siedlungen
Wichtige Straßen

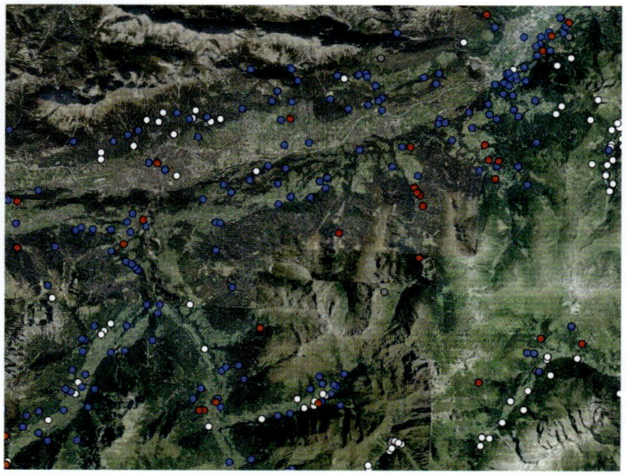

Ereigniskarte der Naturgefahren in Tirol (A)
Lawine, Rutschung, Steinschlag, Wasser

Gefahrenzonenplan Ischgl (A)

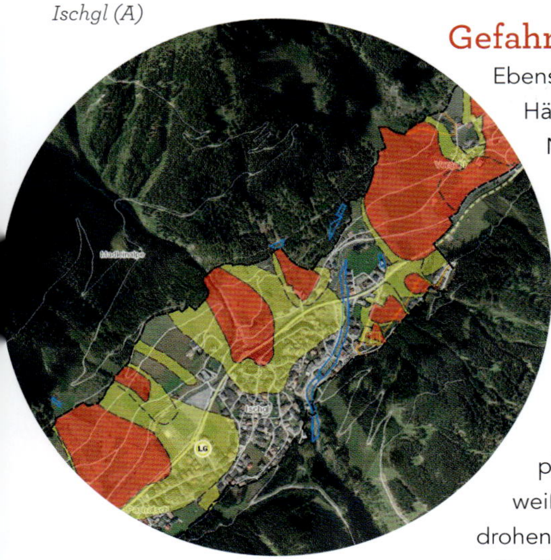

Gefahrenzonenpläne

Ebenso wichtig, wie Orte und Häufigkeit von bedrohlichen Naturereignissen zu dokumentieren und deren Ablauf zu erforschen, ist es, dieses Wissen in der **Raumplanung**, bei der Trassierung von Verkehrswegen und bei der Ausweisung von Bauzonen anzuwenden. Dazu werden sogenannte Gefahrenzonenpläne ausgearbeitet. Wenn man weiß, wo genau Naturgefahren drohen, kann das bei der Planung von neuen Siedlungen berücksichtigt werden.

Es werden Zonen mit größerem und geringerem Risiko dargestellt, in denen unterschiedlich strenge Bauvorschriften gelten. In roten Gefahrenzonen gilt striktes Bauverbot.

Zivilschutz

Eine wichtige Rolle bei der Prävention spielt das Zivilschutzmanagement mit Informationen und einem Warndienst für die Bevölkerung, mit der Sperrung von Straßen und im Extremfall auch mit der Evakuierung von Siedlungen.

Die Lawinenwarnzentrale gibt Empfehlungen und die Gefahrenstufen von 1 bis 5 an.

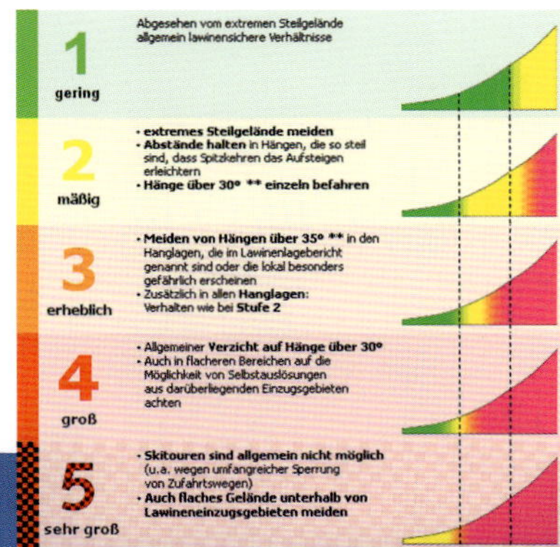

Wo werden Schutzbauten erstellt?

Schutzbauten werden dort erstellt, wo die beste Wirkung mit dem geringsten bautechnischen Aufwand erzielt wird. Man unterscheidet drei Bereiche: das **Entstehungsgebiet** (Ausbruchgebiet, Anrissgebiet), wo die Naturgefahr entsteht, das **Transitgebiet** (Transportstrecke, Abflussrinne), wo sie verläuft, und das **Ablagerungsgebiet** (Schwemmfächer), wo sie ausläuft. Im Entstehungsgebiet werden Verbauungen vorgenommen, die das Entstehen einer Naturgefahr verhindern. Eine Verbauung im Transitgebiet lenkt Steine oder Lawinen in unbesiedeltes Gebiet ab. Im Ablagerungsgebiet verhindern Verbauungen, dass Häuser und Verkehrswege direkt durch Naturgefahren betroffen werden.

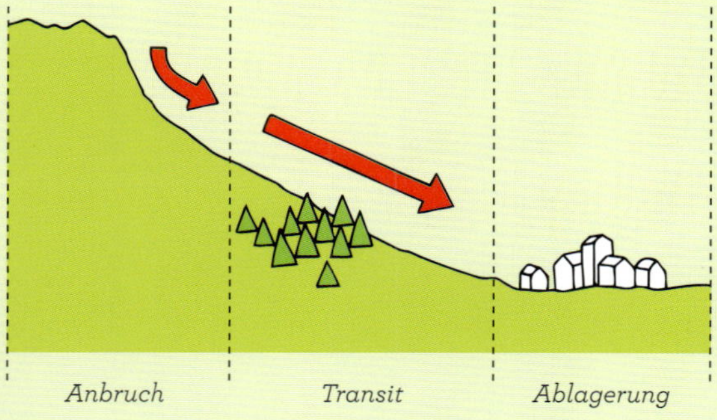

Hangverbauung
Drahthüllnetz
Rückhaltesperre
Aufforstung
Geländeverankerung
Filtersperre
zdamm
Steinschlagschutznetz

Staublawine

Lawinen-schutz

Was ist eine Lawine?

Lawine wird eine Schneemasse genannt, die sich von Berghängen ablöst und zu Tal gleitet oder stürzt. Lawinen sind eine der unheimlichsten Naturgewalten im hochalpinen Lebensraum.

Lockerschneelawine

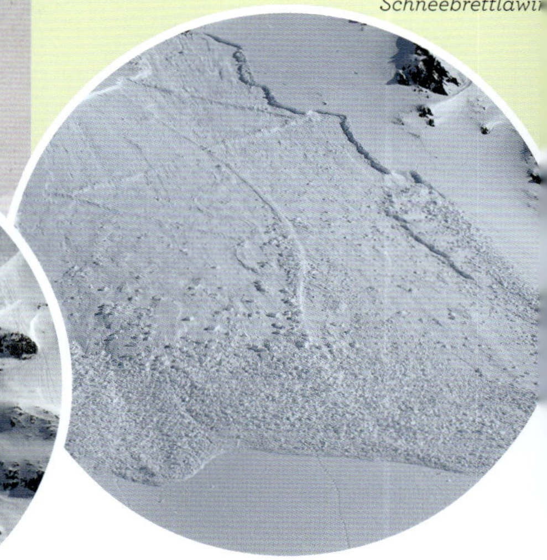

Schneebrettlawi

Staublawinen entstehen, wenn große Schneemassen beim Abrollen auf einem steilen Gelände viel Schnee mitnehmen und aufwirbeln, sodass ein **Schnee-Luft-Gemisch** entsteht. Sie können eine Geschwindigkeit von über **300 km/h** erreichen und werden von großen **Luftdruckschwankungen** (Druck vor der Front, Sog hinter der Front) begleitet. Diese Druckwelle verursacht Zerstörungen, die einem Wirbelsturm gleichen. Sowohl Schneebrettlawinen als auch Lockerschneelawinen können sich zu Staublawinen entwickeln.

Lockerschneelawinen sind gekennzeichnet durch einen **punktförmigen Anriss**. Aufgrund einer Kettenreaktion gewinnt die Lawine an Volumen. Solche Lawinen kommen vor allem bei nicht verfestigtem Schnee und bei einer höheren Hangneigung (40°– 60°) vor.

Schneebrettlawinen beginnen mit einem quer zum Hang verlaufenden, linienförmigen Anriss. Breite Schichten einer **Schneedecke** rutschen auf einer **Gleitschicht** zunächst zusammenhängend „wie ein Brett" ab, zerfallen im Verlauf in kleinere Teile und schieben sich im Auslauf übereinander. Schneebrettlawinen treten bei Hangneigungen zwischen 30° und 50° auf. Häufig werden diese Lawinen **von Menschen ausgelöst**, die sich im freien Gelände bewegen (Skitourengeher oder Snowboarder).

Lawinenrechen

Schutzgalerie

Verbauungen im Entstehungsgebiet

Wo das Gelände und das Klima im Entstehungsgebiet es zulassen, ist Aufforsten die beste Schutzmaßnahme. In steilen Bergflanken stabilisieren **Schneerechen** und **Schneebrücken** aus Stahl die Schneedecke. Diese im Boden verankerten Konstruktionen aus Stahlprofilen verhindern, dass der Schnee abgleitet und damit Lawinen auslösen kann. In windausgesetzten Lagen verhindern **Verwehungsschutznetze** aus Drahtseilen gefährliche Schneeaufschichtungen.

SPECIAL !?!

Lawinensprengung

Im Winter ist in den Bergen oft ein lauter Knall zu hören, gefolgt von einem Donnergeräusch. Dann werden Sprengungen durchgeführt, um nach starkem Schneefall kleine Lawinen kontrolliert auszulösen. So wird die Entstehung von Großlawinen verhindert.

Der neue Schutzdamm in Galtür

Die Lawinenkatastrophe von Galtür: *Im Februar 1999 stürzten im hinteren Paznauntal (A) 87.000 Tonnen Schnee ins Tal und verschütteten das Dorf Galtür teilweise. Dabei kamen 38 Menschen ums Leben.*

Ablenk-Verbauungen

Ist die Lawine schon in Bewegung, gilt es ihren Lauf zu bremsen oder umzuleiten, um Straßen, Eisenbahnen und Gebäude zu schützen. Der Lauf der Lawine kann mit Höckern und **Spaltkeilen** aus Erdaufschüttung oder Beton gebremst werden. Gebäude im Gefahrenbereich werden oft mit **Ablenkdämmen** aus Erde, Naturstein oder Beton geschützt. **Schutzgalerien** sind zum häufigsten Ablenk-Bauwerk für Eisenbahnen und Straßen geworden, die Lawinenstriche durchqueren. **Auffangdämme** schützen Siedlungen im Auslaufgebiet einer Lawine.

Felssturzsicherung

Was ist ein Felssturz?

Von einem Hang herabstürzende Steine und Geröll bezeichnet man als **Steinschlag**. Wenn größere zusammenhängende **Felspartien** abbrechen, spricht man von einem Felssturz. Entweder ist das Gesteinsmaterial an sich schon brüchig oder die Lockerung der Steine wird durch Frost verursacht. Der Abgang wird unmittelbar durch Schmelz- und Regenwasser ausgelöst.

Aktive Schutzmaßnahmen

Bevor Schutzmaßnahmen ergriffen werden, muss eine **geologische Bestandsaufnahme** der durch Steinschlag und Felssturz gefährdeten Orte durchgeführt werden. Im Besonderen geschieht dies über eine dreidimensionale Untersuchung des Hanges, bei der Felsspalten und Risse mit Kompass vermessen werden. Daraus wird die Abbruchgefahr abgeleitet.

Instabiles Gelände wird dann mit **Verankerungen** an darunter liegende stabilere Schichten gebunden.
Da der geologische Aufbau und die Form der Boden- und Felsschichten sehr vielfältig sind, müssen diese Konstruktionen zur Stabilisierung (**Balken**, **Rahmen und Gitter**) für jeden Ort neu gefunden werden.
Lockere Gesteinsschichten an der Oberfläche werden mit **Drahthüllnetzen** überzogen, die im Gelände verankert werden. Sich lösendes Steingeröll wird unter dem Netz zurückgehalten.

Drahthüllnetz

Geländeverankerung

SPECIAL !?!

Mehr oder weniger Risiko

Felssturzsicherungen werden am häufigsten entlang der Verkehrswege gebaut. Weil aber das Gefahrenrisiko unterschiedlich hoch bewertet wird, ist die Ausbaudichte in den Alpenstaaten verschieden. Zum Beispiel hat Nordtirol eine geringere Ausbaudichte als Südtirol, weil in Italien auf Verkehrswegen gesetzlich kein Risiko zugelassen wird.

*Schutznetz mit **Seilbremse** im Vordergrund: Die nach der Dehnung des Netzes noch übrige Sturzenergie wirkt auf die Tragseile und wird dort beim Zusammenziehen von Seilbremsen in Form von Seilschlaufen aufgefangen.*

Auffang-Maßnahmen

In Bewegung gekommene Steine und Geröll entwickeln eine hohe Sturzenergie. Sie können mit **Steinschlagschutznetzen** abgefangen werden. Diese Schutzbauten bestehen aus Stahlstützen, die ins Gelände gebohrt und abgespannt werden. Dazwischen werden spezielle elastische Drahtseilnetze gespannt, die von einem oberen und unteren Tragseil gehalten werden. In diese Tragseile sind zusätzlich sogenannte Seilbremsen eingebaut. Durch die elastische Verbundwirkung von Tragseilen und Drahtnetzen können Steine mit Sturzenergien bis zu 5.000 Kilojoule „abgefedert" werden.

Felsstürze an wichtigen Verkehrswegen werden über **Schutzgalerien** abgelenkt. Die Konstruktionen sind im Prinzip ähnlich wie beim Lawinenschutz. Häuser und Anlagen im Zielbereich werden durch **Schutzdämme** geschützt. Anders als Lawinenschutzdämme müssen diese einen weichen Aufbau haben (z. B. Erde, Zyklopenmauerwerk), damit die aufprallenden Steine abgefedert werden und nicht darüber springen.

Das Drahtseilnetz ist aus Ringen geflochten, die sich extrem dehnen können und dadurch die Sturzenergie des Steinschlags abfangen.

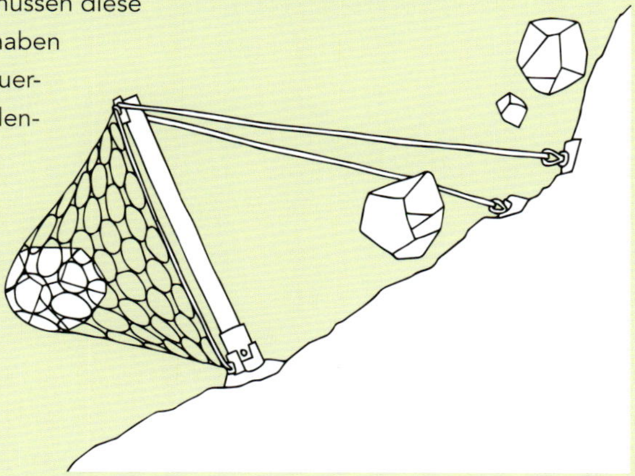

Schutz vor Muren und Wildbächen

Eine **Mure** (im Schweizerischen Murgang) ist ein schnell talwärts fließender **Strom aus Schlamm und** grobem **Gesteinsmaterial**. Er entsteht, wenn im **steilen Gelände** wenig verfestigtes Material durch starke oder lang **anhaltende Niederschläge** wasserübersättigt wird und in Bewegung gerät. Muren erweitern meist bestehende Rinnen, können aber auch neue Rinnen graben. Eine Mure kann eine Geschwindigkeit von bis zu **60 km/h** erreichen und einige Hunderttausend Kubikmeter Material mit metergroßen Felsblöcken mitreißen. Dieses wird bereits entlang des Bachbetts in Randwällen abgelagert. Eine Mure hat deutlich mehr Energie als ein Hochwasser und richtet erheblich größeren Schaden an.

Als **Wildbach** wird ein **steiler Gebirgsbach** bezeichnet, der bei starken Niederschlägen anschwillt und große Mengen an Gesteinsschutt, Erdreich, Holz oder ganze Baumstämme mit sich führen kann. Wichtigste Merkmale von Wildbächen sind das starke Gefälle und die innerhalb kurzer Zeit stark **ansteigende Wassermenge** durch Schneeschmelze oder heftige Gewitter.

Wildbachverbauung

In Österreich und Südtirol wird die Verbauung der Gebirgsbäche unter dem Begriff „Wildbachverbauung" zusammengefasst. Im **Oberlauf (Entstehungsgebiet)** geht es darum, der Erosion Einhalt zu gebieten. Dies geschieht am besten durch **Aufforstung**, da die Baumwurzeln das Erdreich befestigen. Besonders gefährdete Hänge und Rinnen werden durch **Kastenverbauung** aus Holzpfählen gegen ein Abrutschen gesichert.

Kastenverbauung

Murgang in Brienz (CH), 2005: Bei der Erweiterung des Siedlungsraums wird die Gefahr von Murgängen oft unterschätzt. Selbst die Lage historischer Orte ist nicht absolut sicher.

Im **Mittellauf (Transitgebiet)** verringern spezielle Bauwerke die Fließgeschwindigkeit des Wassers. **Abstufungen im Bachbett**, Schwellen aus Holz oder Beton schränken die Tiefenerosion und den Transport von Treibgut ein. Sogenannte **Geröllsperren** verhindern, dass Material bis in tiefer gelegene Siedlungsgebiete gelangt und dort Brückenunterführungen und Engstellen verstopft.

Im **Unterlauf (Ablagerungsgebiet)** dienen die Schutzbauten dem schnellen Ableiten von Wasser und Geschiebe. Wo die Ortsverhältnisse es erlauben, werden **Geschieberückhaltewerke** gebaut, um das Wasser vom Geschiebe zu trennen und Schutt und Geröll zurückzuhalten. Wenn der Unterlauf der Wildbäche durch besiedeltes Gebiet fließt, dienen die Schutzbauten hier dem unmittelbaren Schutz der Siedlungen und Straßen.

Geröllsperren aus Holz- und Stahlbeton müssen den hydrografischen und geologischen Vorgaben entsprechen und werden deshalb in vielfältigen Formen ausgeführt.

***Auffangdamm** in Pontresina (CH)*

TECHNIK UND LANDSCHAFT

Die Alpen sind eine vielfältige, außergewöhnliche Landschaft mitten in Europa, deren Andersartigkeit und furchterregende Berge schon im Altertum beschrieben worden sind. Die Besiedlung und Nutzung dieses schroffen Lebensraums hat seit jeher die technischen Fähigkeiten und Fertigkeiten der Bewohner herausgefordert. Die Nutzung hat den Natur- und Lebensraum jedoch stark verändert. Der heutige Stand der Technik ermöglicht Veränderungen in so großem Maßstab, dass die Grenzen dieser Umgestaltung sowohl vom ästhetischen als auch ökologischen Standpunkt unterschiedlich bewertet werden.

Brücke in Hafling (I)

Technik verändert Landschaft

Naturlandschaft in den Seealpen – Valle d'Orco (I). Im Naturzustand muss man sich die Alpen als durchgehend bewaldete Gegend vorstellen.

Naturlandschaft

Der Formenreichtum, den die Natur in den Alpen auf engem Raum geschaffen hat, lässt diese Region, vom ästhetischen Standpunkt betrachtet, als **besondere Naturlandschaft** erscheinen. Sowohl die geologischen Gesteinsschichten und Formationen als auch die Klimazonen sind vielfältig und haben eine ausgeprägte Flora und Fauna entstehen lassen.

Aber die Alpen sind schon lange keine Naturlandschaft mehr, sondern eine von der Technik in hohem Maß geprägte Landschaft. Die Täler sind bis in die Felsregion hinauf **vom Menschen bewirtschaftet** und gestaltet.

Die Grenze zwischen Natur- und Kulturlandschaft

In der ästhetischen und ökologischen Auseinandersetzung um Schutz und Gestaltung der alpinen Landschaft wird die Abgrenzung zwischen der „unberührten" Naturlandschaft der hochalpinen Felsregionen und der historischen Kulturlandschaft in den Tälern thematisiert.

Villnöss unter den Geislerspitzen (I).
Der ästhetische Reiz der alpinen Landschaft liegt in der Spannung zwischen Naturlandschaft im Hochgebirge und Kulturlandschaft in den Tälern.

Kulturlandschaft bei Spinges am Eingang des Pustertals (I).

Kulturlandschaft

Während sich die Landschaft in den Felsregionen bisher nur langsam verändert hat, ist die Naturlandschaft in den Tälern längst verschwunden und zu einer von Mensch und Technik gestalteten Kulturlandschaft geworden, die sich **ständig wandelt**.

In der Vergangenheit haben die bäuerliche Siedlungsform und Wirtschaftsweise die Kulturlandschaft bestimmt. Heute sind die Täler gut ausgebaut, erreichbar, gesichert und genutzt und eine **neue Wirtschaftsstruktur** verändert Siedlungen und Landschaft.

Apfelplantagen mit Hagelschutznetzen im Etschtal (I). Neue Anbautechniken in der Landwirtschaft schaffen auch neue Landschaftsbilder.

Die flächendeckende Besiedlung des Talbodens prägt das Landschaftsbild – Imst im Inntal (A).

Die Aussichtsplattform „5fingers" der Bergstation am Dachstein (A)

Die Wahrnehmung der Landschaft

Landschaft ist ein geografischer Raum, von dem wir uns ein Bild machen, das sich im Lauf der Zeit und je nach kulturellem Hintergrund ändert. Dieses Bild ist von unseren Vorstellungen und Wünschen geprägt. Die Veränderungen der Landschaft durch die Technik sind zwar real, aber die Interpretation, ob diese gut oder schlecht, schön oder hässlich sind, findet in unseren Köpfen statt.

Schreckliche Berge oder Traumlandschaft?

Im Altertum wurden die Alpen als die schrecklichen Berge beschrieben. Auch im Mittelalter bis in die Neuzeit wurden sie von den Durchreisenden nur als **unwirtliche, bedrohliche** Gegend wahrgenommen.

Erst um die Mitte des 18. Jahrhunderts, mit dem Entstehen eines neuen Naturverständnisses in Europa, wurden die Alpen als „**Traumlandschaft**" entdeckt. Die Landschaftsmalerei als eigenes Genre entstand erst zu dieser Zeit. Viele Maler haben die Alpen in ihren Gemälden frei interpretiert.

Die „schrecklichen" Alpen (William Turner: „Die Teufelsbrücke", 1803)

Das romantische Bild der Alpen (J. A. Koch: „Wetterhorn", 1824)

Am Anfang des Alpinismus (Traversée de la Mer de Glace, Chamonix 1902)

Die Begeisterung für die Natur wurde in der ersten Hälfte des 19. Jahrhunderts zu einem starken Lebensgefühl. Mit dem **Alpinismus** kamen dann die ersten Bergsteiger in die Alpen, die diese einmalige Naturlandschaft nicht nur betrachten und malen, sondern erwandern und erobern wollten.

Aus dem Alpinismus hat sich im 20. Jahrhundert der **Massentourismus** entwickelt. Für diesen werden die Alpen auf die Kulisse einer Ferienlandschaft reduziert.

SPECIAL !?!

Unterschiedliche Sichtweisen

Je nachdem, welche „Brille“ wir tragen, nehmen wir Technik in der Landschaft unterschiedlich wahr. Die Einschätzung der Verträglichkeit in der Landschaft hängt sehr vom eigenen Interesse ab. Als Autofahrer sind wir daran interessiert, einen Ort ungehindert und schnell zu erreichen und sind dabei in der Regel blind für die Gestalt der Straße. Als Wanderer möchten wir eine unberührte Landschaft erleben und empfinden den Straßenbau als Störung.

Stolz auf die Technik

Das 19. Jahrhundert war das **heroische Zeitalter** der Technik. Sie hat im Ingenieurbau, im Maschinenbau und in der Elektrotechnik **nie Dagewesenes** geleistet. Oft wurden die Erbauer wichtiger Anlagen nach der gelungenen Leistung in den Adelsstand erhoben. Der Bau des Gotthardtunnels wurde 1881 wie ein Weltwunder gefeiert. Dementsprechend wurden die landschaftlichen Eingriffe durch die Technik als gut und schön empfunden.

Gotthardbahn 1882

Im 20. Jahrhundert trugen große technische Bauwerke zum **Nationalstolz** der Alpenstaaten bei. Die Staumauer und das Kraftwerk von Kaprun wurden nach dem Zweiten Weltkrieg zum Sinnbild für die Leistungsfähigkeit des neuen Österreich stilisiert. Der Stolz auf die **Meisterleistungen der Technik** kommt auch in der Schweizer Briefmarkenserie aus dem Jahr 1949 zum Ausdruck. Sie weist die Großbauten als schönen Bestandteil der Schweizer Landschaft aus.

Schweizer Briefmarkenserie 1949

Technik und Architektur

Die Entwicklung der modernen Architektur in den Alpen führt über die Technik. Zweckbauten folgen scheinbar notwendigen Formvorstellungen. Dabei fallen vorgefasste Meinungen zu Bautradition und Baustil der Architektur weg, und neue Bauformen können sich im Ingenieurbau freier entfalten. So sind Brücken und Kraftwerksbauten zu Vorreitern der modernen Architektur geworden.

Schutzgalerie Trafoi (I)

Maschinenhalle des Kraftwerks in Naturns (I)

Die Bedrohung der Landschaft

In der zweiten Hälfte des 20. Jahrhunderts wich die Technikgläubigkeit zunehmend einer Skepsis der Technik gegenüber. Ein neues **ökologisches Bewusstsein** stellt die Gefahren für Mensch und Umwelt, die sich aus einer unbekümmerten Anwendung der technischen Möglichkeiten ergeben, in den Vordergrund. Es entsteht ein Konflikt zwischen Ökonomie und Ökologie.

Transitverkehr

Der Ausbau der alpenquerenden Autobahnen hat zu Lärmbelastung und Luftverschmutzung entlang der vier Haupttransitstrecken geführt. **Lärmschutzwände** zeigen das Problem auf, schaffen aber wenig Abhilfe. Die Wände stören aufgrund ihrer Größe das Landschaftsbild und geben Autofahrern das Gefühl, durch einen **Kanal** zu fahren, der den Blick auf die Landschaft verstellt. – Lässt sich der Transitverkehr auf die Eisenbahn verlagern? Löst die mehrfache Untertunnelung des Alpenhauptkamms das Problem?

Die Lärmschutzwand auf der Brennerautobahn bei Rovereto (I) wurde als großflächige Fotovoltaik-Anlage ausgebildet.

Das Dorf Graun (I) ist im Reschen-Stausee versunken.

Wasserkraft

Die Wasserkraft zählt zu den erneuerbaren Energiequellen. Die Nutzung der Wasserkraft ist emissionsfrei und hat keine negativen Auswirkungen auf unser Klima, sie bringt aber große **Eingriffe in die Gewässersysteme und in die Landschaft** mit sich.
Der Bau der ersten Stauseen hat in einigen Alpentälern ganze bäuerliche Kulturlandschaften und Dörfer im Wasser versinken lassen.

Ein Wasserlauf bildet von der Quelle bis zur Mündung ein für Flora und Fauna zusammenhängendes Ökosystem. Durch das Aufstauen und Trockenlegen bei der Anlage von Wasserkraftwerken wird die Durchgängigkeit des Lebensraums unterbrochen und das **ökologische Gleichgewicht** empfindlich gestört. Wesentlich dabei ist, die notwendige **Restwassermenge** unterhalb der Wasserentnahme oder des Staubeckens zu gewährleisten, damit der Lebensraum für Fische und andere Lebewesen und auch das Landschaftsbild erhalten bleiben.

Hier reicht die Restwassermenge weder für Fische noch für Sportler.

Pumpspeicherwerke bieten heute die einzige Möglichkeit, große, überschüssige Elektroenergiemengen zu speichern. Dabei wird mit überschüssiger Elektroenergie Wasser in hoch gelegene Speicherseen gepumpt und als **potenzielle Energie** gespeichert, die dann gezielt im Wasserkraftwerk wieder in elektrische Energie rückverwandelt werden kann. Das Gelände- und Höhenprofil der Alpen bietet viele geeignete Orte für diese neue Technologie. Die Speicherung von Elektroenergie ist eine saubere Energieerzeugung, trotzdem werden aus der Sicht des Naturschutzes Pumpspeicherwerke abgelehnt, weil eine Zerstörung der hochalpinen Landschaft befürchtet wird.

Beim Kölnbreinspeichersee (A) ist der schwankende Wasserspiegel am Uferrand ablesbar.

Tourismus

Der Tourismus ist in den Alpen im 19. Jahrhundert zu einem wichtigen Wirtschaftszweig geworden. Am Anfang brachten Eisenbahnen die Gäste zur sogenannten Sommerfrische in die aufstrebenden Tourismusorte. Mit dem Aufkommen des **Wintertourismus** ist ein dichtes Netz von **Seilbahnen** und **Skipisten** entstanden. Diese touristischen Infrastrukturen wurden in einem landschaftlich und ökologisch besonders sensiblen Bereich unterhalb und oberhalb der Waldgrenze angelegt. Heute fordert die Tourismuswirtschaft Liftanbindungen und Zusammenschlüsse von Skigebieten zu Skischaukeln und Funparks. Durch den Klimawandel ist jedoch keine Schneesicherheit mehr gegeben. Die dadurch erforderlichen **Beschneiungsanlagen** und Kunstschneepisten bilden eine weitere Belastung für Landschaft und Umwelt.

Walter Niedermayr, Aspen 110/2009. Der Künstler-Fotograf zeigt die ambivalente Ästhetik der vom Tourismus genutzten Landschaft.

Auf Crashkurs mit Natur- und Landschaftsschutz geht die Erschließung der hochalpinen Landschaft für den Massentourismus. Hier greift der Mensch in einen Naturraum ein, der von vergangenen Wirtschaftsformen bislang unberührt blieb. Gletscher sind nicht nur durch die Gletscherschmelze bedroht, sondern auch durch Skifahrer, die bei Schneemangel auf höhere **Gletscherskigebiete** ausweichen.

Der Schnalstaler Gletscher (I) wird mit Planen abgedeckt, um das Abschmelzen zu verlangsamen.

Bildnachweis

Infografiken: no.parking | **Illustrationen:** Johanna Putzer | **Fotos:** Cover Doppelmayr Italia/Jacopo Bernard (o), Keystone/Martin Ruetschi (u) | **Seite 2** Doppelmayr Seilbahnen GmbH | **6** Peter Zelei, Stockphoto | **7** Markus Mitterer (o), Rigi-Bahnen AG (u) | **8–9** CC-BY-SA 3.0 Jide | **10–11** Pitztaler Gletscherbahnen | **12** hotdog.hu | **13** wikicommons, aus: Hans Sternhart, Straßenbahn in Graz, Wien 1979 (l), Kohlererbahn GmbH (m), Touriseum – Südtiroler Landesmuseum für Tourismus (r) | **14** Herbert Graf | **16, 18** Doppelmayr Seilbahnen GmbH | **19** Fatzer AG | **20** Leitner ropeways (o), Bundesdenkmalamt, Wien (mr), Leitner ropeways (ur) | **21** IMMOOS GmbH, Bergungs- und Sicherheitssysteme (m), Alpine Rettung Schweiz, Rettungsstationen Lucendro (l) | **22–23** TechnoAlpin AG | **24** Ötztal Tourismus | **25** Verein Bezirksheimatmuseum Lilienfeld A (ol/or), Atomic Austria GmbH/Mickey Ross (u) | **26** Atomic Austria GmbH/Adam Clark/Sweetgrass | **27** Atomic Austria GmbH/Garrett Grove (r), Atomic Austria GmbH/Magnus Osth (l) | **28** Ötztal Tourismus/Rudi Wyhlidal | **29** LAAX/Weisse Arena AG/Philipp Ruggli (l), Liftgesellschaften Obergurgl-Hochgurgl/Daniel Csepku (m), Rabanser Snowboards (r) | **30** Annelies Putzer (o), Felix Keitlinghaus, Hornschlittenbau (l), Die Geilen Böcke – Rennbockteam (u) | **31** Dokumentationsbibliothek Davos (or), Otto Bachmann – Bachmann-Rodel (om), Manufactum GmbH & Co. KG, www.manufactum.de (ml), Felix Keitlinghaus, Hornschlittenbau (ul), Marcel Rohner-Bobevents (ur) | **32** TechnoAlpin AG | **33** Stefan Dittmann (ul), Archiv SLF (um) | **34–35** TechnoAlpin AG | **36** Tourismusverband Ramsau am Dachstein | **37** Neuschnee GmbH | **38–39** Prinoth AG/Arnold Ritter | **39** Prinoth AG/Guenther Pichler (m) | **40** Prinoth AG/Georg Tappeiner (o/ml/mm), LAAX/Weisse Arena AG/Philipp Ruggli (mr) | **41** Bob Events GmbH (ml), LAAX/Weisse Arena AG/Philipp Ruggli (u) | **42–43** Ruggero Arena | **44** GGHASTR® Albin Niederstrasser – Medienservice der Großglockner Hochalpenstraßen AG | **45** CC-BY-SA 3.0/CH Archivio federale svizzero (ol), Groha-Historisch, Medienservice der Großglockner Hochalpenstraßen AG (ul), CC-BY-SA 3.0 Thomasweiss (m), CC-BY-SA 3.0 Christian „VisualBeo“ Horvat (r) | **46** CC BY-SA 4.0 Zairon (o), Salzburg Museum, Hubert Sattler [Public domain], via Wikimedia Commons (m) | **47** Woeckinger, Medienservice der Großglockner Hochalpenstraßen AG (o), Verein Bayerische Fernwege e.V. – Sparte Deutsche Alpenstraße (u) | **48** CC-BY-SA 3.0.de HaTe | **49** CC-BY-SA 4.0.deed.de Stefan Schaefer (o), Medienservice der Großglockner Hochalpenstraßen AG (u) | **50** Domenica del Corriere, Mailand 1966 (o), CC-BY-SA 3.0-deed.de Adrian Michael (u) | **51** CC-BY-SA 3.0-deed.de Martin Putz | **52–53** Andrea Badrutt RhB | **54** Sagen.at (ol), 4010flo Bahnbilder (or), Gettyimages (u) | **55** CC-BY-SA 3.0 TracksOnWax (u) | **56** Andrea Badrutt RhB | **57** CC-BY-SA 3.0 Markus Schweiss | **58** CC public domain | **59** Markus Hehl (o), Stadler Rail AG (ul), Gerfried Moll Bahnbilder.net (ur) | **60** BMVIT Wien (o), CC-BY-SA 2.0 Cooper (u) | **61** Alptransit Gotthard AG (ol), BBT-SE (or) | **62** Markus Hehl (o), Gornergratbahn (u) | **63** Günther Denoth, Zillertaler Verkehrsbetriebe (ol), Glacier-express (or), Alptransit Gotthard AG (u) | **64–65** Herrenknecht AG | **67** Brenner-Basistunnel BBT SE | **68, 69** Herrenknecht AG | **70** AlpTransit Gotthard AG | **71** Brenner-Basistunnel BBT SE (l), Herrenknecht AG (r) | **72** Luca Chiartano – focusgrafica.it (o), AlpTransit Gotthard AG (u) | **73** LUF GmbH | **74–75** René Riller | **76** CC-BY-SA 4.0 Anselmrogers (m), René Riller (u) | **77** CC-BY-SA 2.0 rosmary | **78** CC-BY-SA 3.0 Adrian Michael (o), René Riller (u) | **79** CC-BY-SA-3.0 Ikiwaner | **80** CC-BY-SA 2.5-deed.fr Richard Gertis (l), Autonome Provinz Bozen, Abt. Tiefbau (r) | **81** Archiv Rätische Bahn AG (o), CC-BY-SA 4.0 Risch-Lau, Vorarlberger Landesbibliothek (u) | **82** Elfi Fritsche | **83** CC-BY-SA 3.0-de-deed.en Kraftwerke Oberhasli AG (o), CC BY-SA 3.0 By papa1234 (u) | **84–85** CC-BY-SA 3.0 Rosario Lepore | **86** Elfi Fritsche | **87** Karl Stanzel | **88** CC-BY-SA 3.0 Etienne Baudon | **89** Rita Zandonella, Rifugio Berti | **90** Frieder Blickle, Vinschgau Marketing | **91** Archivio Fotografico 123rf (o), Alberto Gianera (m), Siespinelli Torino (u) | **92–93** Essencedesign, Grande Dixence SA | **94** Lammerhuber, MA31 Wien | **95** Zweckverband BWV | **96** Frieder Blickle, Vinschgau Marketing | **97** CC-BY-SA-2.5 Florent Villard (o), Siegfried Unterkircher (u) | **98** Fiorenzo Degasperi | **99** Heinz Preisig Grande Dixence SA (ol), Voith Gmbh (or) | **100** Frederic Siepmann (flickr.com/photos/orkomedix) | **101** CC-BY-SA 3.0 Wolfgang Moroder (o), Verbund.com Österreich (u) | **102** Essencedesign Grande Dixence SA | **103** CC-public domain NASA Visible-Earth | **104** CC-BY-SA 3.0 Simplon2010 | **105** Sebastiano Minniti (o), Adriano Migliorati animal press (ul), Alperia AG (ur) | **106–107** Alexander Alber, FF media | **108** Institut für Schnee- und Lawinenforschung SLF (or), Abt. Naturgefahren, Interlaken (ul), BMLFUW 2016, Wien (ur) | **109** CC-BY-SA 3.0 Root 55 (u) | **110–111** Autonome Provinz Bozen, Agentur für Bevölkerungsschutz/Wasserschutzbauten (9 Fotos), Gemeinde Absam, Rudi Hanisch, Josef Putzer | **112** Lawinenwarndienst Tirol (o), CC-BY-SA 3.0 Coronium (ul), J. Rocco, SLF Schweiz (ur) | **113** Uwe Wisskirchen, Fotocommunity (ol), Autonome Provinz Bozen, Agentur für Bevölkerungsschutz/Wasserschutzbauten (ml), Rudi Hanisch (mr), Minich/BMLV/Picturedesk.com (u) | **114** Wiebe.de (o), Josef Putzer (u) | **115** Autonome Provinz Bozen, Agentur für Bevölkerungsschutz/Wasserschutzbauten | **116** Tom Clancy (o), Schweizer Luftwaffe (u) | **117** Supraph2 panoramio | **118–119** René Riller | **120** Nicola Torosantucci torosphotos (o), Clemens Zahn, IDM Südtirol (u) | **121** Martin Schönegger, simedia (o), CC-BY-SA 3.0 Thomas Krismer (ul), Josef Putzer (ur) | **122** Leo Himsl Dachstein Tourismus AG (o), CC-public domain (ul, ur) | **123** CC-public domain | **124** Josef Putzer (o), Autonome Provinz Bozen, Abt. Tiefbau (m), Josef Putzer (u) | **125** Brennerautobahn AG (o), Frieder Blickle, Vinschgau Marketing (u) | **126** Studhalter, WWF Schweiz (o), CC-BY-SA 4.0 Gerdsch (m) | **127** Walter Niedermayr (o), Alexander Alber, FF media (u)

Die AutorInnen

Elfi Fritsche, geboren 1953. Studium der Sozialpädagogik und Erziehungswissenschaften, Lehrerin, in der Fort- und Weiterbildung tätig, Veröffentlichungen über Leseförderung, Bibliotheksdidaktik und Museumspädagogik.

Johanna Putzer, geboren 1984, Ausbildung zur Physiotherapeutin in Amsterdam, Pädagogikstudium in Göteborg, leidenschaftliche Zeichnerin und Gestalterin.

Josef Putzer, geboren 1946, Architekturstudium an der Technischen Universität Wien, selbstständiger Architekt.